博碩文化

U0086716

# CSS

# 選擇器大全

## 突破前端功力掌握職場即戰力

顛覆對CSS的認知　　傳承實務經驗與心法　　提供線上範例觀看

**CSS選擇器是CSS世界的支柱，撐起了CSS精彩繽紛的世界**

張鑫旭 著 ／ 博碩文化 審校

# CSS 選擇器大全
## 突破前端功力掌握職場即戰力

- 顛覆對CSS的認知
- 傳承實務經驗與心法
- 提供線上範例測者

CSS選擇器是CSS世界的支柱，撐起了CSS精彩繽紛的世界

張鑫旭 著 / 博碩文化 審校

*本書如有破損或裝訂錯誤，請寄回本公司更換*

作　　者：張鑫旭
審　　校：博碩文化
責任編輯：黃俊傑

董 事 長：陳來勝
總 編 輯：陳錦輝

出　　版：博碩文化股份有限公司
地　　址：221 新北市汐止區新台五路一段 112 號 10 樓 A 棟
　　　　　電話 (02) 2696-2869　傳真 (02) 2696-2867

發　　行：博碩文化股份有限公司
郵撥帳號：17484299　戶名：博碩文化股份有限公司
博碩網站：http://www.drmaster.com.tw
讀者服務信箱：dr26962869@gmail.com
訂購服務專線：(02) 2696-2869 分機 238、519
（週一至週五 09:30 ～ 12:00；13:30 ～ 17:00）

版　　次：2021 年 12 月初版一刷

建議零售價：新台幣 600 元
I S B N：978-986-434-962-3
律師顧問：鳴權法律事務所 陳曉鳴律師

**國家圖書館出版品預行編目資料**

CSS 選擇器大全：突破前端功力掌握職場即
戰力 / 張鑫旭著 . -- 初版 . -- 新北市：博碩
文化股份有限公司 , 2021.12

面；　公分

ISBN 978-986-434-962-3(平裝)

1.CSS(電腦程式語言)　2.網頁設計
3.全球資訊網

312.1695　　　　　　　　　　110019532

Printed in Taiwan

博碩 粉 絲 團　歡迎團體訂購，另有優惠，請洽服務專線
(02) 2696-2869 分機 238、519

前言
Preface

## 本書的主要內容

本書裡面有什麼？有我的獨家心法。

我專注於 CSS 領域已經十多年了。很多人覺得很奇怪，CSS 有什麼好研究的。怎麼說呢？就好比，河水流動、蘋果掉落，這些雖然看起來都是理所當然的現象，沒什麼好研究的，但實際上，一旦深入，就可以從這些簡單現象中發現新的世界。

然而，發現與探索的過程是艱辛的，往往會付出很多，但發現很少，需要有足夠的熱愛以及鑽研精神才能堅持下去並有所收穫。恰巧，我就是這種類型的人，我喜愛技術研究，喜歡做這種看起來吃力不討好的事情，但這些年的堅持也讓我累積了不少。本書的內容就是我根據這些年研究總結出來的精華、經驗和技巧，也就是說，大家只要花幾小時拿起這本書，就能學到我花費幾年的時間提煉出來的東西，這些東西就是所謂的心法，它們是技術文檔和技術手冊上沒有的，是稀有且獨一無二的。

而這些稀有的心法，就是你和普通 CSS 開發人員的技術分水嶺，也是你未來的競爭力所在。這行業裡有一些人，也自稱前端，但是只停留在可以根據設計稿寫出網頁的程度，這種程度的人沒有技術優勢，一旦年齡和體力跟不上，將很容易被行業淘汰，因此你需要的不是流於表面的那一點知識，而是更有深度、與使用者體驗走得更近的精華與技能。這些就是本書能提供給你的。

# CSS 世界三部曲

CSS 世界三部曲，分別是《CSS 世界》《CSS 選擇器世界》和《CSS 新世界》，本書是其中的第二部。本書的出版距離第一部《CSS 世界》出版近兩年時間，在這近兩年時間中，CSS 選擇器 Level 4 規範逐漸穩定，並且很多很棒的特性已經可以在實際項目中應用。我覺得時機成熟了，是時候把 CSS 選擇器世界的精彩內容整理一番呈現給大家了。

CSS 選擇器是 CSS 世界的支柱，撐起了整個精彩紛呈的 CSS 世界，作為 CSS 世界三部曲的中間一部的主題是再合適也不過了，承上啟下，貫穿所有。

# 正確認識本書

這是一本 CSS 進階書，非常適合有一定 CSS 基礎的前端人員學習和參考，新手讀起來會有些吃力，因為為了做到內容精粹，書中會直接略過較為基礎的知識。

本書融入了大量我的個人理解，這些理解是我多年持之以恆對 CSS 進行研究和思考後，經過個人情感潤飾和認知提煉所獲得的產物。因此，與嚴肅、教條式的技術書相比，本書要顯得更容易理解，有溫度，更有人文關懷。但是，個人的理解並不能保證百分之百正確，因此，本書的個別觀點也有可能不對，歡迎讀者提出質疑和挑戰。

由於規範尚未定稿，本書部分比較前沿的知識點在未來會發生某些小的變動，我會與時俱進，並在官方論壇上同步更新。

# 專有網站

我專門為 CSS 世界三部曲製作了一個網站（https://www.cssworld.cn），在那裡，讀者可以了解更多 CSS 世界三部曲的相關訊息。如果讀者有疑問，想挑戰，或者發現錯誤，都歡迎去官方論壇（https://bbs.cssworld.cn/）對應版塊進行提問或反饋，也歡迎讀者加微信 zhangxinxu-job 和我直接溝通交流。

## 特別感謝

衷心感謝人民郵電出版社的每一個人。

感謝人民郵電出版社的編輯楊海玲，她的專業建議對我幫助很大，她對細節的關注令人印象深刻，她使我的工作變得更加輕鬆。

感謝那些為提高整個行業 CSS 水平而默默努力的優秀人士，感謝那些在我成長路上指出錯誤的前端同仁，讓我在探索邊界的道路上走得更快、更踏實。

感謝讀者，你們的支持給了我工作的動力。

最後，最最感謝我的妻子丹丹，沒有她在背後的愛和支持，本書一定不會完成得這麼順利。

目錄
Contents

## 04 | 精通 CSS 組合選擇器　　　　　　　　　　　　　　53

## 05 | 元素選擇器　　　　　　　　　　　　　　　　　　77

## 09 ｜ 輸入虛擬類別                 149

## 10 ｜ 樹結構虛擬類別                 199

## 11 ｜ 邏輯組合虛擬類別　　　　　　　　　　　　　　233

## 12 ｜ 其他虛擬類別選擇器　　　　　　　　　　　　　　243

# Chapter 01 | 概述

CSS 選擇器（CSS Selectors）本身很簡單，就是一些特定的選擇符號，於是，很多開發者就認為 CSS 選擇器的世界很簡單，沒什麼好學的，這樣的想法嚴重限制了開發者的技術提升。實際上，CSS 選擇器非常強大，它不僅涉及視覺表現，而且與使用者安全、用戶體驗有非常密切的關聯。

## 1-1 為什麼 CSS 選擇器很強

CSS 選擇器能夠做的事情，遠比你想像的多很多。

不少開發人員學習 JavaScript 得心應手，但是學習 CSS 卻總是沒有感覺，因為他們還是習慣把 CSS 屬性或者 CSS 選擇器看成一個個獨立的個體，就好像傳統程式設計語言中的一個個 API 一樣。傳統程式設計語言講求邏輯清晰，層次分明，主要為功能服務，因此這種不拖泥帶水的 API 是非常有必要的。但 CSS 卻是為樣式服務的，它重表現，輕邏輯，如同人的思想一樣，相互碰撞才能產生火花。

尤其對於 CSS 選擇器，它作為 CSS 世界的支柱，其作用好比人類的脊椎，與 HTML 結構、瀏覽器行為、用戶行為以及整個 CSS 世界相互依存、相互作用，這必然會產生很多碰撞，讓 CSS 選擇器變得非常強悍。

同時，CSS 選擇器本身也並非你想得那麼單純。

## 1-2 CSS 選擇器世界的一些基本概念

我們平常所說的 CSS 選擇器實際上是一個統稱，是很多基本概念的集合，在正式開始介紹本書的內容之前，我們有必要先瞭解一下這些基本概念。

## 1-2-1　基本選擇器、組合選擇器、虛擬類別和虛擬元素

CSS 選擇器可以分為 4 類，即基本選擇器、組合選擇器、虛擬類別和虛擬元素。

### 1 · 基本選擇器

這裡的基本選擇器指的就是平常使用的 CSS 宣告區塊前面的標籤、類名等。例如：

```
body { font: menu; }
```

這裡的 body 就是一種選擇器，是型態選擇器，也可以稱為標籤選擇器。

```
.container { background-color: olive; }
```

這裡的 .container 也是選擇器，屬於屬性選擇器的一種，我們平時稱其為類選擇器。

還有很多其他種類的選擇器，後面將會詳細介紹。

### 2 · 組合選擇器

目前我所知道的 CSS 選擇器世界中的組合選擇器有 5 個，即表示後代選擇器的空格 ( )，表示子選擇器的尖括弧（>），表示相鄰兄弟選擇器的加號（+），表示一般兄弟選擇器的彎彎（~），以及表示列關係的雙管道（||）。

這 5 種組合選擇器分別示意如下：

```
/* 後代選擇器 */
.container img { object-fit: cover; }
/* 子選擇器 */
ol > li { margin: .5em 0; }
/* 相鄰兄弟選擇器 */
button + button { margin-left: 10px; }
/* 一般兄弟選擇器 */
button ~ button { margin-left: 10px; }
/* 列 */
.col || td { background-color: skyblue; }
```

關於組合選擇器的更多知識可以參見第 4 章。

### 3 · 虛擬類別

虛擬類別的特徵是其前面會有一個冒號（:），通常與瀏覽器行為和用戶行為相關聯，可以看成是 CSS 世界的 JavaScript。虛擬類別和組合選擇器相互配合可以實現非常多的純 CSS 交互效果。

例如：

```
a:hover { color: darkblue; }
```

### 4 · 虛擬元素

虛擬元素的特徵是其前面會有兩個冒號（::），常見的有 ::before，::after，::first- letter 和 ::first-line 等。

本書不會對虛擬元素做專門的介紹，讀者若有興趣可以參見《CSS 世界》和以後會出版的《CSS 新世界》的相關章節。

## 1-2-2　CSS 選擇器的作用域

以前 CSS 選擇器只有一個全域作用域，也就是在網頁任意地方的 CSS 都共用一個文檔上下文。

如今 CSS 選擇器是有局部作用域的概念的。虛擬類別 :scope 的設計初衷就是匹配局部作用域下的元素。例如，對於下面的代碼：

```
<section>
  <style scoped>
  p { color: blue; }
  :scope { background-color: red; }
  </style>
  <p> 在作用域內，背景色應該紅色。</p>
</section>
<p> 在作用域外，默認背景色。</p>
```

理論上，<section> 標籤裡面的 <p> 元素的背景色應該是紅色，但目前沒有任何瀏覽器表現為紅色。實際上此特性曾被瀏覽器支持過，但只是曇花一現，現在已經被捨棄。目前雖然虛擬類別 :scope 也能解析，但只能當作全域作用域。但是，這並不表示 :scope 一無是處，它在 JavaScript 中還是有效的，這一點將在 12.1.1 節中進一步展開介紹。

另外，CSS 選擇器的局部作用域在 Shadow DOM 中也是有效的。例如，有一個 <div> 元素：

```
<div id="hostElement"></div>
```

然後使用 Shadow DOM 為這個 <div> 元素創建一個 <p> 元素並且控制其背景色的樣式，如下：

```
// 創建 Shadow DOM
var shadow = hostElement.attachShadow({mode: 'open'});
// 給 Shadow DOM 添加文字
shadow.innerHTML = '<p> 我是由 Shadow DOM 創建的 &lt;p&gt; 元素，我的背景色是？</p>';
// 添加 CSS，p 標籤背景色變成黑色
shadow.innerHTML += '<style>p { background-color: #333; color: #fff; }</style>';
```

結果如圖 1-1 所示，Shadow DOM 創建的 <p> 元素的背景色是黑色，而頁面原本的 <p> 元素的背景色不受任何影響。

我是一個普通的 <p> 元素，我的背景色是？

我是由Shadow DOM創建的<p>元素，我的背景色是？

▲ 圖 1-1　頁面原本的 <p> 元素的背景色不受任何影響

線上觀看範例：

https://demo.cssworld.cn/selector/1/2-1.php

# 1-2-3 CSS 選擇器的命名空間

CSS 選擇器中還有一個命名空間（namespace）的概念，這裡簡單介紹一下。

命名空間可以讓來自多個 XML 詞彙表的元素的屬性或樣式彼此之間沒有衝突，它的使用非常常見，例如 XHTML 文檔：

```
<html xmlns="http://www.w3.org/1999/xhtml">
```

又例如 SVG 檔的命名空間：

```
<svg xmlns="http://www.w3.org/2000/svg">
```

上述代碼中的 xmlns 屬性值對應的 URL 位址就是一個簡單的命名空間名稱，其並不指向實際的線上位址，瀏覽器不會使用或處理這個 URL。

在 CSS 選擇器世界中命名空間的作用也是避免衝突。例如，在 HTML 和 SVG 中都會用到 <a> 連結，此時就可能發生衝突，我們可以借助命名空間進行規避，具體方法是，使用 @namespace 規則聲明命名空間：

```
@namespace url(http://www.w3.org/1999/xhtml);
@namespace svg url(http://www.w3.org/2000/svg);
/* XHTML 中的 <a> 元素 */
a {}
/* SVG 中 <a> 元素 */
svg|a {}
/* 同時匹配 XHTML 和 SVG 的 <a> 元素 */
*|a {}
```

注意，上述 CSS 代碼中的 svg 也可以換成其他字元，這裡的 svg 並不是表示 svg 標籤的意思。

眼見為憑，我們直接透過一個實際案例來瞭解 CSS 選擇器的命名空間。HTML 和 CSS 代碼如下：

```
<p>這是文字：<a href>點擊刷新</a></p>
<p>這是 SVG：<svg><a xlink:href><path d="..."/></a></svg></p>
@namespace "http://www.w3.org/1999/xhtml";
@namespace svg "http://www.w3.org/2000/svg";
```

```
svg|a { color: black; fill: currentColor; }
a { color: gray; }
```

svg|a 中有一個管道命令符 "|"，管道命令符前面的字元表示命名空間的代稱，管道命令符後面的內容則是選擇器。本例的代碼表示在 http://www.w3.org/2000/svg 這個命名空間下所有 <a> 的顏色都是 black，由於 xhtml 的命名空間也被指定了，因此 SVG 中的 <a> 就不會受標籤選擇器 a 的影響，即便純標籤選擇器 a 的優先順序再高也無效。

最終的效果如圖 1-2 所示，文字連結顏色為灰色，SVG 圖示顏色為黑色。

這是文字：點擊刷新

這是SVG：

▲ 圖 1-2　不同命名空間下的樣式保護

線上觀看範例：

https://demo.cssworld.cn/selector/1/2-2.php

CSS 選擇器命名空間的相容性很好，至少 10 年前瀏覽器就已支持，但是，卻很少見人在項目中使用它，這是為什麼呢？

原因有二：其一，在 HTML 中直接內聯 SVG 的應用場景並不多，它更多的是作為獨立的 SVG 資源使用，即使內聯，也很少有需要對特性 SVG 標籤進行樣式控制的需求；其二，有其他更簡單的替代方案，例如，如果我們希望 SVG 中所有的 <a> 元素的顏色都是 black，可以直接用：

```
svg a { color: black; }
```

無須掌握複雜的命名空間語法就能實現我們想要的效果，這樣做的唯一缺點就是增加了 SVG 中 a 元素的優先順序，但是在大多數場景下，這對我們的實際開發沒有任何影響。綜合來看，這是一種成本效益高很多的實現方式，幾乎找不到需要使用命名空間的理由。

因此，對於 CSS 選擇器的命名空間，我給大家的建議就是了解即可，做到在遇到大規模衝突場景時，能想到還有這樣一種解決方法就可以了。

## 1-3 無效 CSS 選擇器特性與實際應用

很多 CSS 虛擬類別選取器是最近幾年才出現的，瀏覽器並不支持，瀏覽器會把這些選擇器當作無效選擇器，這是沒有任何問題的。但是當這些無效的 CSS 選擇器和瀏覽器支持的 CSS 選擇器寫在一起的時候，會導致整個選擇器無效，舉個例子，有如下 CSS 代碼：

```
.example:hover,
.example:active,
.example:focus-within {
    color: red;
}
```

:hover 和 :active 是瀏覽器很早就支持的兩個虛擬類別，照道理講，所有瀏覽器都能識別這兩個虛擬類別，但是，由於 IE 瀏覽器並不支持 :focus-within 虛擬類別，會導致 IE 瀏覽器無法識別整個語句，這就是無效 CSS 選擇器特性。

因此，我們在使用一些新的 CSS 選擇器時，出於漸進增強的目的，需要將它們分開書寫：

```
/* IE 瀏覽器可識別 */
.example:hover,
.example:active {
    color: red;
}
/* IE 瀏覽器不可識別 */
.example:focus-within {
    color: red;
}
```

不過，在諸多 CSS 選擇器中，這種無效選擇器特性出現了一個例外，那就是瀏覽器可以識別以 -webkit- 私有化前置開頭的虛擬元素。例如，下面這段 CSS 選擇器就是無效的：

```
div, span::whatever {
  background: gray;
}
```

但是，如果加上一個 -webkit- 私有化的前置碼，瀏覽器就可以識別了，<div>
元素背景為灰色，如圖 1-3 所示：

```
div, span::-webkit-whatever {
  background: gray;
}
```

▲ 圖 1-3　div 背景為 gray

除了 IE 瀏覽器，其他瀏覽器均支持（Firefox 63 及以上版本支持）識別這
個 -webkit- 無效虛擬元素的特性。於是，我們就可以靈活運用這種特性來幫助完成
實際開發。例如，對 IE 瀏覽器和其他瀏覽器進行精準區分：

```
/* IE 瀏覽器 */
.example {
  background: black;
}
/* 其他瀏覽器 */
.example, ::-webkit-whatever {
  background: gray;
}
```

當然，上面的無效虛擬類別會導致整行選擇器失效的特性也可以用來區分瀏
覽器。

**Chapter 02 | CSS 選擇器的優先順序**

幾乎所有的 CSS 樣式衝突、樣式覆蓋等問題都與 CSS 宣告的優先順序錯位有關。因此，在詳細闡述 CSS 選擇器的優先順序規則之前，我們先快速瞭解一下 CSS 全部的優先順序規則。

## 2-1 CSS 優先順序規則概覽

CSS 優先順序有著明顯的不可逾越的等級制度，我將其劃分為 0 ～ 5 這 6 個等級，其中前 4 個等級由 CSS 選擇器決定，後 2 個等級由書寫形式和特定語法決定。下面我將對這 6 個等級分別進行講解。

(1) **0 級**：通用選擇器、組合選擇器和邏輯組合的虛擬類別。其中，通用選擇器寫作星號（*）。示例如下：

```
* { color: #000; }
```

組合選擇器指 +、>、~、空格和 ||。關於組合選擇器的更多知識可參見第 4 章。

邏輯組合的虛擬類別有 :not()、:is() 和 :where 等，這些虛擬類別本身並不影響 CSS 優先順序，影響優先順序的是括弧裡面的選擇器。

```
:not() {}
```

需要注意的是，只有邏輯組合的虛擬類別的優先順序是 0，其他虛擬類別的優先順序並不是這樣的。

(2) **1 級**：標籤選擇器。示例如下：

```
body { color: #333; }
```

(3)　2 級：類選擇器、屬性選擇器和虛擬類別。示例如下：

```
.foo { color: #666; }
[foo] { color: #666; }
:hover { color: #333; }
```

(4)　3 級：ID 選擇器。示例如下：

```
#foo { color: #999; }
```

(5)　4 級：style 屬性內聯。示例如下：

```
<span style="color: #ccc;">優先順序 </span>
```

(6)　5 級：!important。示例如下：

```
.foo { color: #fff !important; }
```

!important 是頂級優先順序，可以重置 JavaScript 設置的樣式，唯一推薦使用的場景就是使 JavaScript 設置無效。例如：

```
.foo[style*="color: #ccc"] {
  color: #fff !important;
}
```

對於其他場景，沒有任何使用它的理由，切勿濫用。

不難看出，CSS 選擇器的優先順序（0 級至 3 級）屬於 CSS 優先順序的一部分，也是最重要、最複雜的部分，學會 CSS 選擇器的優先順序等同於學會了完整的 CSS 優先順序規則。

## 2-2 深入 CSS 選擇器優先順序

本節內容將有助於深入理解 CSS 選擇器的優先順序，包括計算規則、實用技巧以及一些奇怪的有趣特性。

## 2-2-1 CSS 選擇器優先順序的計算規則

對於 CSS 選擇器優先順序的計算，業界流傳甚廣的是數值計數法。具體如下：每一段 CSS 語句的選擇器都可以對應一個具體的數值，數值越大優先順序越高，其中的 CSS 語句將被優先渲染。其中，出現一個 0 級選擇器，優先順序數值 +0；出現一個 1 級選擇器，優先順序數值 +1；出現一個 2 級選擇器，優先順序數值 +10；出現一個 3 級選擇器，優先順序數值 +100。

於是，有了表 2-1 所示的計算結果。

表 2-1　選擇器優先順序計算值

| 選擇器 | 計算值 | 計算細則 |
|---|---|---|
| * {} | 0 | 1 個 0 級通用選擇器，優先順序數值為 0 |
| dialog {} | 1 | 1 個 1 級標籤選擇器，優先順序數值為 1 |
| ul > li {} | 2 | 2 個 1 級標籤選擇器，1 個 0 級組合選擇器，優先順序數值為 1+0+1 |
| li > ol + ol {} | 3 | 3 個 1 級標籤選擇器，2 個 0 級組合選擇器，優先順序數值為 1+0+1+0+1 |
| .foo {} | 10 | 1 個 2 級類選擇器，優先順序數值為 10 |
| a:not([rel=nofollow]){} | 11 | 1 個 1 級標籤選擇器，1 個 0 級否定虛擬類別，1 個 2 級屬性選擇器，優先順序數值為 1+0+10 |
| a:hover {} | 11 | 1 個 1 級標籤選擇器，1 個 2 級虛擬類別，優先順序數值為 1+10 |
| ol li.foo {} | 12 | 1 個 2 級類選擇器，2 個 1 級標籤選擇器，1 個 0 級空格組合選擇器，優先順序數值為 1+0+1+10 |
| li.foo.bar {} | 21 | 2 個 2 級類選擇器，1 個 1 級標籤選擇器，優先順序數值為 10×2+1 |
| #foo {} | 100 | 1 個 3 級 ID 選擇器，優先順序數值為 100 |
| #foo .bar p {} | 111 | 1 個 3 級 ID 選擇器，1 個 2 級類選擇器，1 個 1 級標籤選擇器，優先順序數值為 100+10+11 |

這裡出一個小題目考考大家，<body> 元素的顏色是紅色還是藍色？

```
<html lang="zh-CN">
    <body class=»foo»> 顏色是？ </body>
</html>
body.foo:not([dir]) { color: red; }
html[lang] > .foo { color: blue; }
```

我們先來計算一下各自的優先順序數值。

首先是 body.foo:not([dir])，出現了 1 個標籤選擇器 body，1 個類選擇器 .foo 和 1 個否定虛擬類別 :not，以及屬性選擇器 [dir]，計算結果是 1+10+0+10，也就是 21。

接下來是 html[lang] > body.foo，出現了 1 個標籤選擇器 html，1 個屬性選擇器 [lang] 和 1 個類選擇器 .foo，計算結果是 1+10+10，也就是 21。

這兩個選擇器的計算值居然是一樣的，那該怎麼渲染呢？

這就引出了另外一個重要的規則—後來居上。也就是說，當 CSS 選擇器的優先順序數值一樣的時候，後渲染的選擇器的優先順序更高。因此，上題的最終顏色是藍色（blue）。

後渲染優先順序更高的規則是相對於整個頁面文檔而言的，而不僅僅是在一個單獨的 CSS 檔中。例如：

```
<style>body { color: red; }</style>
<link rel="stylesheet" href="a.css">
<link rel="stylesheet" href="b.css">
```

其中在 a.css 中有：

```
body { color: yellow; }
```

在 b.css 中有：

```
body { color: blue; }
```

此時，body 的顏色是藍色，如圖 2-1 所示，因為 blue 這段 CSS 語句在文檔中是最後出現的。

```
body {                    b.css:1
    color: ▉blue;
}
body {                    a.css:1
    color: ☐yellow;
}
body {                    test.html:10
    color: ▉red;
}
```

▲ 圖 2-1　瀏覽器中 body 顏色的優先順序

還有一個誤區有必要強調一下，那就是 CSS 選擇器的優先順序與 DOM 元素的層級位置沒有任何關係。例如：

```
body .foo { color: red; }
html .foo { color: blue; }
```

請問 .foo 的顏色是紅色還是藍色？

答案是藍色。雖然 <body> 是 <html> 的子元素，離 .foo 的距離更近，但是選擇器的優先順序並不考慮 DOM 的位置，所以後面的 html.foo{} 的優先順序更高。

## 1．增加 CSS 選擇器優先順序的小技巧

實際開發時，難免會遇到需要增加 CSS 選擇器優先順序的場景。例如，希望增加下面 .foo 類選擇器的權重：

```
.foo { color: #333; }
```

很多人的做法是增加嵌套，例如：

```
.father .foo {}
```

或者是增加一個標籤選擇器，例如：

```
div.foo {}
```

但這些都不是最好的方法，因為這些方法增加了耦合，降低了可維護性，一旦哪天父元素類名變化了，或者標籤換了，樣式豈不是就失效了？這裡給大家介紹一個增加 CSS 選擇器優先順序的小技巧，那就是重複選擇器自身。例如，可以像下面這樣做，既提高了優先順序，又不會增加耦合，實在是上上之選：

```
.foo.foo {}
```

如果你實在不喜歡這種寫法，借助必然會存在的屬性選擇器也是不錯的方法。例如：

```
.foo[class] {}
#foo[id] {}
```

## 2 · 對數值計數法的看法

上面提到的 CSS 選擇器優先順序數值的計數法實際上是一個不嚴謹的方法，因為 1 和 10 之間的差距實在太小了，這也就意味著連續 10 個標籤選擇器的優先順序就和 1 個類選擇器齊平了。然而事實並非如此，不同等級的選擇器之間的差距是無法跨越的存在。但由於在實際開發中，我們是不會連續寫上多達 10 個選擇器的，因此不會影響我們在實際開發過程中計算選擇器優先順序。

而且對於使用 CSS 選擇器而言，書寫習慣遠比知識更重要，就算理論知識再扎實，如果平時書寫習慣糟糕，也無法避免 CSS 樣式覆蓋問題、樣式衝突等問題的出現。我將在第 3 章中深入探討這個問題。因此，對於數值計算法，我的態度是，學一遍即可，沒有必要反覆攻讀，做到面面俱到，只要習慣夠好，是不會遇到亂七八糟的優先順序問題的。

在 CSS 選擇器這裡，等級真的是無法跨越的鴻溝嗎？其實不是，這裡有大家不知道的冷知識。

## 2-2-2 256 個選擇器的越級現象

有如下 HTML：

```
<span id="foo" class="f">顏色是？</span>
```

如下 CSS：

```
#foo { color: #000; background: #eee; }
.f { color: #fff; background: #333; }
```

很顯然，文字的顏色是 #000，即黑色，因為 ID 選擇器的級別比類選擇器的級別高一級。但是，如果是下面的 CSS 呢？ 256 個 .f 類名合體：

```
#foo { padding: 10px 20px; color: #000; background: #eee; }
.f.f.f.f.f.f.f.f.f.f.f.f.f.f.f.f.f.f.f.f.f.f.f.f.f.f.f.f.f.f.f.f.f.f.f.f.f
.f.f.f.f.f.f.f.f.f.f.f.f.f.f.f.f.f.f.f.f.f.f.f.f.f.f.f.f.f.f.f.f.f.f.f.f.f
.f.f.f.f.f.f.f.f.f.f.f.f.f.f.f.f.f.f.f.f.f.f.f.f.f.f.f.f.f.f.f.f.f.f.f.f.f
.f.f.f.f.f.f.f.f.f.f.f.f.f.f.f.f.f.f.f.f.f.f.f.f.f.f.f.f.f.f.f.f.f.f.f.f.f
.f.f.f.f.f.f.f.f.f.f.f.f.f.f.f.f.f.f.f.f.f.f.f.f.f.f.f.f.f.f.f.f.f.f.f.f
.f.f.f.f.f.f.f.f.f.f.f.f.f.f.f.f.f.f.f.f.f.f.f.f.f.f.f.f.f.f.f.f.f.f.f.f
.f.f.f.f.f.f.f.f.f.f.f.f.f.f.f.f.f.f.f.f.f.f.f.f.f.f.f.f.f.f.f.f.f.f.f.f
.f { color: #fff; background: #333; }
```

在 IE 瀏覽器下，神奇的事情發生了，文字的顏色表現為白色，背景色表現為深色，如圖 2-2 所示。

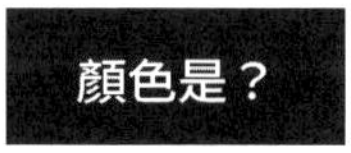


▲ 圖 2-2 IE 瀏覽器中類名的優先順序更高

在 IE 瀏覽器下，讀者可以輸入 https://demo.cssworld.cn/selector/2/2-1.php 親自體驗與學習。

同樣，256 個標籤選擇器的優先順序大於類選擇器的優先順序的現象也是存在的。

　　實際上，在過去，Chrome 瀏覽器、Firefox 瀏覽器下都出現過這種 256 個選擇器的優先順序大於上一個選擇器級別的現象，後來，大約 2015 年之後，Chrome 瀏覽器和 Firefox 瀏覽器都修改了策略，使得再多的選擇器的優先順序也無法超過上一級，因此，目前越級現象僅在 IE 瀏覽器中可見。

　　為什麼會有這種有趣的現象呢？早些年查看 Firefox 瀏覽器的原始程式碼，發現所有的類名都是以 8 位元組字串存儲的，8 位元組所能容納的最大值就是 255，因此同時出現 256 個類名的時候，勢必會越過其邊緣，溢出到 ID 區域。而現在採用了 16 位元組的字串存儲，能容納的類型數量足夠多了，就不會出現這種現象。

　　當然，這個冷知識並沒有多大的實用價值，大致瞭解一下即可。

## 2-3　為什麼按鈕 :hover 變色了

　　瞭解了 CSS 選擇器的優先順序之後，很多日常工作中遇到的一些問題你就知道是怎麼回事了，舉一個按鈕 :hover 變色的例子。

　　例如，我們寫一個藍底白字的按鈕，使滑鼠經過按鈕時會改變背景色：

```
.cs-button {
    background-color: darkblue;
    color: white;
}
.cs-button:hover {
    background-color: blue;
}
<a href="javascript:" class="cs-button" role="button"> 按鈕 </a>
```

　　看代碼沒有任何問題，但是頁面一刷新就出現問題了。滑鼠經過按鈕的時候，文字居然變成藍色了，而不是預期的白色！

　　究竟是哪裡出了問題呢？一排查，這個問題居然是 CSS reset 導致的。

在實際開發中，我們一定會對全域的連結顏色進行設置，例如，按鈕預設顏色為藍色，滑鼠經過的時候變成深藍色：

```
a { color: blue; }
a:hover { color: darkblue; }
```

按鈕變色就是這裡的 a:hover 導致的。因為 a:hover 的優先順序比 .cs-button 的優先順序高（:hover 虛擬類別的**優先順序**和類選取器的優先順序一樣），所以滑鼠經過按鈕的時候按鈕顏色表現為 a:hover 設置的**深藍色**。

知道原因，問題就好解決了，常見做法是再設置一遍滑鼠經過按鈕的顏色：

```
.cs-button:hover {
    color: white;
    background-color: blue;
}
```

或者按鈕改用語義更好的 button 標籤，而不是傳統的 a 標籤。

# Note

# Chapter 03 | CSS 選擇器的命名

　　CSS 選擇器的命名問題是最常困擾開發者的事情之一。究竟是面向 CSS 屬性命名，還是面向 HTML 語義命名？是使用長命名，還是使用短命名？這些疑問在本章都能找到答案，並且我還會把一些多年摸索出來的最佳實踐分享給讀者。

　　在此之前，我們不妨先瞭解一些關於 CSS 選擇器的基礎特性。

## 3-1　CSS 選擇器是否區分大小寫

　　CSS 選擇器有些區分大小寫，有些不區分大小寫，還有些可以設置為不區分。

　　要搞清楚 CSS 選擇器是否區分大小寫的問題，還要從 HTML 說起。在 HTML 中，標籤和屬性都是不區分大小寫的，而屬性值是區分大小寫的。於是，相對應地，在 CSS 中，標籤選擇器不區分大小寫，屬性選擇器中的屬性也不區分大小寫，而類選擇器和 ID 選擇器本質上是屬性值，因此要區分大小寫。

　　下面我們通過一個例子來一探究竟。HTML 如下：

```
<p class="content"> 顏色是？ </p>
```

　　CSS 如下：

```
P { padding: 10px; background-color: black; }
[CLASS] { color: white; }
.CONTENT { text-decoration: line-through; }
```

　　HTML 字元全部都是小寫，3 種類型的 CSS 選擇器均使用大寫，結果如圖 3-1 所示，黑底白字無刪除線，這說明選擇器 P 和選擇器 [CLASS] 生效，而 .CONTENT 無效。

顏色是？

▲ 圖 3-1　CONTENT 類名沒有匹配，導致刪除線沒有生效

選擇器對大小寫敏感情況的總結見表 3-1。

表 3-1　選擇器對大小寫的敏感情況

| 選擇器類型 | 示例 | 是否對大小寫敏感 |
|---|---|---|
| 標籤選擇器 | div {} | 不敏感 |
| 屬性選擇器 - 純屬性 | [attr] | 不敏感 |
| 屬性選擇器 | [attr=val] | 屬性值敏感 |
| 類選擇器 | .container {} | 敏感 |
| ID 選擇器 | #container {} | 敏感 |

然而，隨著各大瀏覽器支援屬性選擇器中的屬性值也不區分大小寫（在 ] 前面加一個 i），已經沒有嚴格意義上的對大小寫敏感的選擇器了，因為類選擇器和 ID 選擇器本質上也是屬性選擇器，因此，如果希望 HTML 中的類名對大小寫不敏感，可以這樣：

```
[class~="val" i] {}
```

例如：

```
<p class="content"> 顏色是？</p>
```

CSS 如下：

```
P { padding: 10px; background-color: black; }
[CLASS] { color: white; }
[CLASS~=CONTENT i] { text-decoration: line-through; }
```

結果如圖 3-2 所示，黑底白字刪除線，說明上面 3 個選擇器均對大小寫不敏感。

顏色是？

▲ 圖 3-2　CONTENT 類名作為屬性值可以匹配，使刪除生效

更多關於屬性選擇器大小寫敏感的內容參見第 6 章。

## 3-2　CSS 選擇器命名的合法性

　　這裡主要講一下類選擇器和 ID 選擇器的命名合法性問題，旨在糾正大家長久以來的錯誤認知。什麼錯誤認知呢？最常見的就是類名選擇器和 ID 選擇器不能以數位開頭，如下：

```
.1-foo { border: 10px dashed; padding: 10px; }   /* 無效 */
```

　　對，上面這種寫法確實無效，但這並不是因為不能以數字開頭，而是不能直接寫數位，需要將其轉義一下，如下：

```
.\31 -foo { border: 10px dashed; padding: 10px; }
```

　　此時，下面的 HTML 就表現為黑底白字：

```
<span class="1-foo">顏色是？</span>
```

　　效果如圖 3-3 所示，所有瀏覽器下均有虛線邊框。

顏色是？

▲ 圖 3-3　以數字開頭的類選擇器生效了

線上觀看範例：

https://demo.cssworld.cn/selector/3/2-1.php

　　為什麼會有這麼奇怪的表示？居然表示成 \31，而且後面還有一個空格！

其實 \31 外加空格是 CSS 中字元 1 的十六進位轉碼表示。其中 31 就是字元 1 的 Unicode 值，如下：

```
console.log('1'.charCodeAt().toString(16));      // 結果是 31
```

字元 0 的 Unicode 值是 30，字元 9 的 Unicode 值是 39，0～9 這 10 個數字對應的 Unicode 值正好是 30～39。

我們也可以用以下這種方法進行表示：

```
.\000031-foo { border: 10px dashed; padding: 10px; }
```

31 前面用 4 個 0 進行補全，這樣 \31 後面就不用加空格。

類名或者 ID 甚至可以是純數位，例如下面的代碼 CSS 也能渲染：

```
<span class="1"><em> 請問：</em> 顏色是？</span>
.\31 { border: 10px dashed; padding: 10px; }
```

如果選擇器中有父子關係，則需要打兩個空格：

```
.\31  em { margin-right: 10px; }
```

然而，CSS 壓縮工具會亂壓空格，所以，實際開發時，如果想使用數位，建議使用非空格完整標記法：

```
.\000031 em { margin-right: 10px; }
```

## 規範與更多字元的合法性

順著上面這個「不能以數字開頭」的案例，我們可以講更多關於選擇器命名合法性的內容。

首先，關於命名，看看規範是怎麼說的，如圖 3-4 所示。

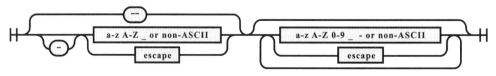

▲ 圖 3-4　規範中對選擇器命名的描述

圖 3-4 明顯分左右兩半，其中左邊是選擇器首字元，右邊是選擇器後面的字元。從圖中可以清晰地看到，首字元支援的字元類型是 a ～ z、A ～ Z、底線（_）以及非 ASCII 字元（中文、全形字符等），後面的字元支援的字元類型是 a ～ z、A ～ Z、0 ～ 9、底線（_）、短橫線（-）以及非 ASCII 字元，後面的字元支援的字元類型多了數位和短橫線。

很多人對選擇器的合法性認識就停留在上面的內容，而忽略了圖 3-4 下面的 escape 方塊。也就是説，對於其他沒有出現的字元，只要對它們執行轉義重新編碼一下也能使其成為支援的字元類型。

也就是説，選擇器不僅可以以數位開頭，也支援以其他字元開頭。這些字元可以是下面的這些。

(1) 不合法的 ASCII 字元，如！、"、#、$、%、&、'、(、)、*、+、、-、、/、:、;、<、=、>、?、@、[、\、]、^、`、{、|、} 以及 ~。

嚴格來講，上述字元也應該完全轉碼。例如，加號（+）的 Unicode 值是 2b，因此選擇器需要寫成 \2b 空格，或者 \00002b。

但是，對於上述字元，還有一種更優雅的表示方式，那就是直接使用反斜線跳脱。示意如下：

```
.\+foo { color: red; }
```

其他字元也可以這樣：

```
.\-foo { color: red; }
.\|foo { color: red; }
.\,foo { color: red; }
.\'foo { color: red; }
.\:foo { color: red; }
.\*foo { color: red; }
...
```

包括 IE 在內的瀏覽器都支援上面的反斜線跳脱寫法，因此可以放心使用。唯一需要多提一句的就是冒號（:），在 IE7 瀏覽器下，直接使用 \: 是不被支援的，如果你的專案需要相容這些瀏覽器，可以使用 \3a 加上空格代替。

(2) 中文字元。下面的 CSS 也是有效的：

```
.我是foo { color: red; }
```

(3) 中文標點符號，例如：

```
.。foo { color: red; }
```

(4) emoji 表情：

```
.☺ { color: red; }
```

由於 emoji 字元在手機設備或者 OS X 系統上自動顯示為 emoji 表情，因此有人會在實驗性質的專案中使用 emoji 字元作為類名，這樣，展示原始程式碼的時候，會有一個一個的表情出現，這也挺有意思的。

至於其他跳脫字元，沒有任何在實際項目中使用它們的理由。但我個人覺得中文命名可以一試，畢竟它的可讀性更好，命名也更輕鬆，不需要去找翻譯。

到此就結束了嗎？還沒有。

不知道大家有沒有注意到圖 3-4 中還有兩個小圓框，其中一個裡面是一根短橫線（-），還有一個裡面是連續兩根短橫線（--），它們是什麼意思呢？

意思是，我們可以直接以短橫線開頭，如果是一根短橫線（-），那麼短橫線後面必須有其他字元、字母或底線或者其他編碼字元；如果是連續兩根短橫線（--），則它的後面不跟任何字元也是合法的。因此，下面兩個 CSS 語句都是合法的，都可以渲染：

```
.-- { color: red; }       /* 有效 */
.-a-b- { color: red; }    /* 有效 */
```

對於一些需要特殊標記的元素，可以試試以短橫線開頭命名，它一定會令人印象深刻。

# 3-3 CSS 選擇器的命名是一個哲學問題

　　如果你正在參與的是一個獨自開發、頁面簡單且上線幾天就壽終正寢的小項目，則你可以完全放飛自我，CSS 選擇器可以隨便命名，中文、emoji 字元、各種高級選擇器都可以用起來。但是，如果你正在開發多人協作，需要不斷反覆運算、不斷維護的專案，則一定要謹慎設計，考慮周全，以職業的態度面對命名這件事情。

　　當然，開發人員並不傻，也知道對於有些專案，要盡心盡力，他們會發揮出自己的巔峰實力，項目上線後也自我感覺良好。但那些自我感覺良好的開發人員寫的 CSS 代碼實際上往往品質堪憂，但開發人員卻壓根沒意識到這個問題，最典型的就是 CSS 命名的設計很糟糕，他們早已經埋下巨大的隱患卻渾然不知。

　　這樣的現象太多了，真的太多了。正因為如此，我覺得有必要好好和大家聊聊 CSS 選擇器命名的問題，先把選擇器的 CSS 代碼品質給提升上去。

## 3-3-1　長命名還是短命名

　　對於使用長命名還是短命名的問題，我的回答是請使用短命名。例如，一段介紹，類名可以這樣：

```
.some-intro { line-height: 1.75; }
```

　　而沒有必要這樣：

```
.some-introduction { line-height: 1.75; }
```

　　後面的方式不僅增加了書寫時間，也增加了 CSS 檔的大小。雖然這樣做使語義更加準確了，也確實有一定價值，但價值很有限。要知道，日後維護代碼時，大家只會關心這個類名有沒有在其他地方使用過？改變、刪除這個類名會不會出現問題？至於語義，真的不會有人關心。

　　CSS 選擇器的語義和 HTML 的語義是不一樣的，前者只是為了方便人的識別，它對於機器而言沒有任何區別，因此價值很弱；但是 HTML 的語義的重要作用是讓機器識別，如搜尋引擎或者螢幕閱讀器等，它是與使用者體驗與產品價值密切相關的。

因此，請使用短命名！一旦習慣，或者約定成俗，就不會影響閱讀，就好比 <p> 標籤是 paragraph 的簡寫，語義表示段落一樣。

## 3-3-2　單命名還是組合命名

單命名的優點是字元少、書寫快，缺點是容易出現命名衝突的問題；組合命名的優點是不容易出現命名衝突，但寫起來較煩瑣。樣式衝突的性質比書寫速度慢嚴重得多，因此，理論上推薦使用組合命名，但在實際開發中，專案追求的往往是效益最大化，而不是完美的藝術品。因此，具體該如何取捨，不能一概而論，只能從經驗層面進行闡述。

(1)　對於多人合作、長期維護的項目，千萬不要出現下面這些以常見單詞命名的單命名選擇器，因為後期非常容易出現命名衝突的問題，即使你的專案不會引入協力廠商的 CSS：

```
.title {}      /* 不建議 */
.text {}       /* 不建議 */
.box {}        /* 不建議 */
```

這幾個命名是出現頻率最高的，一定要使用另外的首碼組合將它們保護起來，這個首碼可以是模組名稱，或者場景名稱，例如：

```
.dialog-title {}
.ajax-error-text {}
.upload-box {}
```

(2)　如果你的項目會使用協力廠商的 UI 元件，就算是全站公用的 CSS，也不要出現下面這樣的單命名，因為説不定下面的命名就會與協力廠商 CSS 發生衝突：

```
.header {}     /* 不建議 */
.main {}       /* 不建議 */
.aside {}      /* 不建議 */

.warning {}    /* 不建議 */
.success {}    /* 不建議 */
```

```
.red {}          /* 不建議 */
.green {}        /* 不建議 */
```

正確的做法是加一個統一的首碼，使用組合命名的方式。你可以隨意命名這個首碼，可以是專案代號的英文縮寫，也可以是產品名稱的拼音首字母，因為這個首碼的作用是避免衝突，它並不需要任何語義。但需要注意的是首碼最好不要超過 4 個字母，因為字母多了完全沒有任何意義，只會徒增 CSS 檔的大小。例如，CSS 選擇器的英文是 CSS Selector，我就可以取 CSS 的首字母 C 和 Selector 的首字母 S 作為本書所有選擇器的首碼類名，於是有：

```
.cs-header {}
.cs-main {}
.cs-aside {}
...
```

如果你認真觀察所有的開源 UI 框架，會發現其 CSS 樣式一定都有一個一致的首碼，因為這樣做會避免發生衝突，我們自己開發項目的時候也要秉承這個理念。

(3) 如果你的項目百分百是自主研發的，以後維護此項目的人也不會盜取別人的 CSS 來充數，則與網站公用結構、顏色相關的這些 CSS 可以使用單命名，例如：

```
.dark { color: #4c5161; }
.red { color: #f4615c; }
.gray { color: #a2a9b6; }
```

但對於非公用內容，如標題（.title）、盒子（.box）等就不能使用單命名，因為顏色這類樣式是貫穿於整個專案的，具有高度的一致性，而標題（.title）會在很多地方出現，且樣式各不相同，如大標題、小標題、彈框標題、模組標題等，容易產生命名衝突。

對於網站 UI 元件，各個業務模組一定要採用多名稱的組合命名方式，且最好都有一個統一的命名首碼。

(4) 如果你做的專案並不需要長期維護，也不需要多人合作，例如，只是一些運營活動，請務必添加統一的專案首碼，這都是過來人的忠告，因為這次活動的某些功能和效果日後會被覆用，有了統一的首碼，日後直接複製代碼就能使用，沒有後顧之憂，大家都開心，例如：

```
.cs-title {}
.cs-text {}
.cs-box {}
```

但有一類基於 CSS 屬性構建的單命名反而更安全，它們比顏色這些類名還要安全，即使項目會引入外部 CSS：

```
.db { display: block; }
.tc { text-align: center; }
.ml20 { margin-left: 20px; }
.vt { vertical-align: top; }
```

這種方式的命名更安全的原因在哪裡呢？

(1) 這些選擇器命名是面向 CSS 屬性的，它們是超越具體專案的存在，只會被重複定義，但不會發生樣式衝突。

(2) 面向 CSS 屬性的命名是機械的、反直覺的，而面向語義的命名符合人類直覺，也就是說，對於一個標題，將它命名為 title 的人很多，但拋棄語義，直接使用 tc 命名的人卻寥寥無幾。更直白一點，從網上隨機找兩個 CSS 檔，其中 title 命名衝突的概率要比 tc 大好幾個數量級。

這確實有些奇怪，如此短的命名反而不會產生衝突，這是我這 10 年來寫過無數 CSS 所得出的結論。當然，我們最好還是盡可能降低衝突出現的概率，這樣心裡也踏實：

```
.g-db { display: block; }
.g-tc { text-align: center; }
.g-ml20 { margin-left: 20px; }
.g-vt { vertical-align: top; }
```

或者連首碼也直接省掉：

```
.-db { display: block; }
.-tc { text-align: center; }
.-ml20 { margin-left: 20px; }
.-vt { vertical-align: top; }
```

這樣，一眼就能辨識這個類名是基於 CSS 屬性創建的。

總結一下，除了多人合作、長期維護、不會引入協力廠商 CSS 的專案的全站公用樣式可以使用單命名，其他場景都需要組合命名。

然而，即使將命名做到極致，也無法完全避免衝突，因為 CSS reset 的衝突是防不勝防的。例如，對於 body 標籤選擇器的設置，每個網站都不一樣，很多協力廠商 CSS 甚至喜歡使用萬用字元：

```
*, *::before, *::after { box-sizing: border-box; }
```

後面 2 個偽元素前面的星號是多餘的，這不重要，重要的是這段 CSS 會給其他網站佈局帶來毀滅性的影響，導致大量錯位和尺寸變化，因為所有元素預設的盒模型都被改變了。希望大家在實際開發中不會遇到這樣不可靠的協力廠商，也不要成為這麼不可靠的協力廠商。

## 3-3-3 面向屬性的命名和面向語義的命名

面向屬性的命名指選擇器的命名是跟著具體的 CSS 樣式走的，與專案、頁面、模組統統沒有關係。例如，比較經典的清除浮動類名 .clearfix：

```
.clearfix:after { content: ''; display: table; clear: both; }
```

以及其他很多命名：

```
.dn { display: none; }
.db { display: block; }
.df { display: flex; }
.dg { display: grid; }
.fl { float: left; }
.fr { float: right; }
```

```
.tl { text-align: left; }
.tr { text-align: right; }
.tc { text-align: center; }
.tj { text-align: justify; }
...
```

面向語義的命名則是根據應用元素所處的上下文來命名的。例如：

```
.header { background-color: #333; color: #fff; }
.logo { font-size: 0; color: transparent; }
...
```

上述兩種命名方式各有優缺點。

面向屬性的命名的優點在於 CSS 的重用率高，性能最佳，隨插即用，方便快捷，開發也極為迅速，因為它省去了大量在 HTML 和 CSS 檔之間切換的時間；不足的地方在於屬性單一，其適用場景有限，另外因為使用方便，易被過度使用，進而帶來更高的維護成本。

面向語義的命名的優點是應用場景廣泛，可以實現非常精緻的佈局效果，擴展方便；不足在於代碼囉唆，開發效率普通，因為所有 HTML 都需要命名，哪怕是一個 10 像素的間距。導致很多開發者要嘛選擇直接使用標籤選擇器，要嘛就選擇一個簡單的類名，然後通過父子關係限定樣式，結果帶來了更糟糕的維護問題。

```
.cs-foo > div { margin-top: 10px; }
.cs-foo .bar { text-align: center; }
```

兩種選擇器命名的優缺點對比見表 3-2。

表 3-2　兩種選擇器命名的優缺點對比

|  | 優點 | 缺點 |
|---|---|---|
| 面向屬性的命名 | 重用性高，方便快捷 | 適用場景有限 |
| 面向語義的命名 | 靈活豐富，應用場景廣泛 | 代碼笨重，效率一般 |

針對這兩種命名,究竟該如何取捨?我的觀點是:如果是小項目,則直接採用面向語義的命名方式;如果是多人合作的大專案,則兩種方式都採用,因為專案越大,面向屬性命名的價值會越明顯。這一點會在下一節深入探討。

## 3-3-4　我是如何取名的

給選擇器命名就和中午吃什麼一樣是一個難題。命名不能太長(如果類名可以壓縮則例外),要包含語義,還要應付許多開發場景,有時候確實感覺腦細胞不夠用。

這麼多年的工作實踐讓我逐漸有了一套自己的命名習慣,我使用翻譯軟體的場景也越來越少了,這裡分享一下自己的一些命名習慣,希望可以幫到大家。

### 1・盡量不要使用羅馬拼音

下面這樣的命名就不要出現了:

```
.cs-tou {}      /* 不建議 */
.cs-hezi {}     /* 不建議 */
```

使用拼音雖然省力,對功能也沒有影響,但卻是一個比較不專業的行為,它會讓人降低對你的專業印象。也許可以節省到一些力氣,但對其他同事而言卻是苦不堪言,因為可讀性太差,不符合正常的命名習慣,會導致其他同事一下子反應不過來,例如,.cs-hezi 遠不如 .cs-box 一目了然;另外,同一個中文拼音往往可以對應多個不同文字,難以識別。

對於多人合作的項目,一定要注意克己,特立獨行並不是用在這種場合中的。

但萬事無絕對,如果一些中文類的專屬名詞和產品沒有對應的英文名稱,那麼可以使用拼音,如 weibo、youku 等。

## 2‧從 HTML 標籤中尋找靈感

　　HTML 標籤本身就是非常好的語義化的短命名，且其數量眾多，我們大可直接借鑒。例如[1]：

```
.cs-module-header {}
.cs-module-body {}
.cs-module-aside {}
.cs-module-main {}
.cs-module-nav {}
.cs-module-section {}
.cs-module-content {}
.cs-module-summary {}
.cs-module-detail {}
.cs-module-option {}
.cs-module-img {}
.cs-module-footer {}
```

　　上面的 header 到 footer 全部都是原生 HTML 標籤，直接使用它們。這些命名可以與 HTML 標籤不一一對應，例如：

```
<p class="cs-module-detail">詳細內容……</p>
```

　　雖然命名中的關鍵字用的是 detail，但我們可以不使用 <detail> 元素而使用 <p> 元素，甚至使用 <div> 元素也可以。類名選擇器和標籤選擇器不同，其可以無視標籤，直達語義本身，更加靈活，因此，我們可以進一步放開思維。例如，對於列表，就算不是用的 <li> 標籤，我們也可以在命名的時候使用 li，例如一個下拉式功能表。為了更簡潔的 HTML 代碼，同時兼顧鍵盤等設備的無障礙訪問，可以採用下面的 HTML 結構：

```
<div class="cs-module-ul" role="listbox">
    <a href class=»cs-module-li» role=»option»> 功能表內容 1</a>
    <a href class=»cs-module-li» role=»option»> 功能表內容 2</a>
    <a href class=»cs-module-li» role=»option»> 功能表內容 3</a>
```

---

1　實際開發不建議使用 module 作為二級首碼，請使用具體的模組名稱。

```
    <a href class=»cs-module-li» role=»option»> 功能表內容 4</a>
    <a href class=»cs-module-li» role=»option»> 功能表內容 5</a>
</div>
```

對於清單想必很多人會使用 list，對於連結，很多人會使用 link，它們都是很好的命名，不過下次大家不妨直接嘗試使用 li 和 a，說不定你會喜歡上這種更加精悍的基於 HTML 語義的命名：

```
.cs-module-li {}      /* 列表 */
.cs-module-a {}       /* 連結 */
```

我還會從其他 XML 語言中尋找命名靈感，例如 SVG，對於「組」，我會直接使用 g，而不是 group，這就是因為我借鑒了 SVG 中的 <g> 元素；對於「描述」，我會直接使用 desc，而不是 description，這也是因為我借鑒了 SVG 中的 <desc> 元素。

```
.cs-module-g {}        /* 組 */
.cs-module-desc {}     /* 描述 */
```

最後提供一點小技巧，給大家參考。對於一些大的容器盒子或者元件盒子，我現在已經不使用 box 這個字了，而直接用一個字母 x 代替，也就是：

```
.cs-module-x {}      /* module 容器盒子 */
```

這樣做的原因有 3 個。

(1) 多年的實踐讓我發現，所有這些常用的單字裡面帶有字母 x 的也就 box 這一個單字，直接使用 x 代替整個單字不會發生衝突，也容易記憶。

(2) box 是一個頻繁出現的命名單字，使用一個字母 x 代替單字 box 可以節省代碼量。例如，在某部落格的 CSS 中搜尋 box，出現多達 471 項結果，我們大致計算一下，每一個 box 字元替換成 x 字元可以節約 2 位元組，單這個 CSS 檔就可以節約 942 位元組，將近 1KB，而一個 CSS 類名必然會在 HTML 代碼中至少使用一次，也就意味著至少可以節約 2KB。

(3) 字母 x 的結構上下左右均對稱，每次寫完，心裡面都會非常舒暢，你會對這個字母上癮。

## 3‧從 HTML 特定屬性值中尋找靈感

表單元素多使用 type 屬性進行區分，於是這類控制項會直接採用標準的 type 屬性值進行命名。例如：

```
.cs-radio {}
.cs-checkbox {}
.cs-range {}
```

其他一些屬性值也可以用在對應內容的呈現上。例如，下面這些都是非常好的命名：

```
.cs-tspan-email {}
.cs-tspan-number {}
.cs-tspan-color {}
.cs-tspan-tel {}
.cs-tspan-date {}
.cs-tspan-url {}
.cs-tspan-time {}
.cs-tspan-file {}
```

無障礙訪問相關的 role 屬性也有很多語義化的屬性值可供我們使用。例如，下面這些都是非常好的命名，可以牢記在心：

```
.cs-grid {}
.cs-grid-cell {}
.cs-log {}
.cs-menu {}
.cs-menu-bar {}
.cs-menu-item {}
.cs-region {}
.cs-row {}
.cs-slider {}
.cs-tab {}
.cs-tab-list {}
.cs-tab-panel {}
.cs-tooltip {}
.cs-tree {}
```

### 4．從 CSS 虛擬類別和 HTML 布林值屬性中尋找靈感

我們還可以借鑒 CSS 虛擬類別以及部分 HTML 布林值屬性的命名作為狀態管理類名，例如：

- 啟動狀態狀態管理類名 .active 源自虛擬類別 :active。
- 禁用狀態狀態管理類名 .disabled 源自虛擬類別 :disabled 或 HTML disabled 屬性。
- 清單選中狀態狀態管理類名 .selected 源自 HTML selected 屬性。
- 選中狀態狀態管理類名 .checked 源自虛擬類別 :checked 或 HTML checked 屬性。
- 出錯狀態狀態管理類名 .invalid 源自虛擬類別 :invalid。

啟動狀態和選中狀態本質上是類似的，其中，對於 .checked 和 .selected，我只會在模擬對應表單控制項的場景下使用它們，其餘情況下都是使用 .active 代替，基本上，80% 的狀態類名都是 .active 類名。

.disabled 用來表示案例或元素的禁用狀態，比較常用。

.invalid 只會用在表單校驗出錯時使元素高亮顯示，不算常用。

可以看到這裡的狀態類名都是單命名，如何使用它們有所講究，具體可以參見 3-4-4 節。

## 3-4　CSS 選擇器設計的最佳實踐

將 CSS 選擇器的命名了解透澈，可以讓你的 CSS 開發效率以及代碼品質提升一個等級。

## 3-4-1　不要使用 ID 選擇器

沒有任何理由在實際項目中使用 ID 選擇器。

雖然 ID 選擇器的性能很不錯，可以和類選擇器分庭抗禮，但是由於它存在下面兩個巨大缺陷，這個本就不太重要的優點更加不值一提。

(1) 優先順序太高。ID 選擇器的優先順序實在是太高了，如果我們想重置某些樣式，必然還是需要 ID 選擇器進行覆蓋，再多的類名都沒有用，這會使得整個項目選擇器的優先順序變得非常混亂。如果非要使用元素的 ID 作為選擇器標識，請使用屬性選擇器，如 [id="csId"]。

(2) 和 JavaScript 耦合。實際開發時，元素的 ID 主要用在 JavaScript 中，以方便 DOM 元素快速獲取它。如果 ID 同時和樣式關聯，它的可維護性會大打折扣。一旦 ID 變化，必須同時修改 CSS 和 JavaScript，然而實際上開發人員只會修改一處，這就是很多後期 bug 產生的原因。

## 3-4-2  不要嵌套選擇器

我見過太多類似下面的 CSS 選擇器了：

```
.nav a {}
.box > div {}
.avatar img {}
```

還有這樣的：

```
.box .pic .icon {}
.upbox .input .upbtn {}
```

在使嵌套更加方便的 Sass、Less 之類的預編譯工具出現後，5 層、6 層嵌套的選擇器也大量出現，這太糟糕了！它們都是特別差的代碼，其性質比 JavaScript 中滿屏的全域變數還要糟。

這種不動腦偷懶的寫法除了讓你在寫 HTML 代碼的時候省點力，其他都是缺點，包括：

■ 渲染性能糟糕。

■ 優先順序混亂。

■ 樣式佈局脆弱。

## 1 · 渲染性能糟糕

有兩方面會對渲染性能造成影響，一是標籤選擇器，二是過深的嵌套。

CSS 選擇器的性能排序如下：

- ID 選擇器，如 #foo。

- 類選擇器，如 .foo。

- 標籤選擇器，如 div。

- 通用選擇器，如 *。

- 屬性選擇器，如 [href]。

- 部分虛擬類別，如 :checked。

其中，ID 選擇器的性能最好，類選擇器處於同一個級別，差異很小，比標籤選擇器具有更加明顯的性能優勢。這麼看似乎 .box>div 也是一個不錯的用法，.box 性能很高，選中後再匹配標籤為 div 的子元素，性能還可以吧。然而，很遺憾，CSS 選擇器是從右往左進行匹配渲染的，.box>div 是先匹配頁面所有的 <div> 元素，再匹配 .box 類名元素。如果頁面內容豐富、HTML 結構比較複雜，<div> 元素多達上千個，同時這樣低效的選擇器又很多，則會帶來明顯可感知的渲染性能問題。

過深的嵌套會對性能產生影響就更好理解了，因為每加深一層嵌套，瀏覽器在進行選擇器匹配的時候會多一層計算。一兩個嵌套對性能自然毫無影響，但是，如果數千行 CSS 都採用了這種多層嵌套，量變會引起質變，此時，光 CSS 樣式的解析就可以到達百毫秒級別。

然而在大多數場景下，討論 CSS 選擇器的性能問題是一個假議題。首先，我們實際開發的大多數頁面都比較簡單，選擇器用得再不合理，性能差異也不會太大；其次，就算頁面很複雜，300 毫秒和 30 毫秒的性能差異也不會成為頁面性能的瓶頸，你付出千萬分的努力所帶來的優化説不定還遠不如優化一張廣告圖的尺寸來得大。

因此，渲染性能糟糕確實是一個缺點，但這只是相對而言的，並不是嚴重的問題。大家可以把注意力放在下面兩個缺點上，它們才是關鍵缺陷。

## 2‧優先順序混亂

選擇器優先順序有一個原則，那就是盡可能保持較低的優先順序，這樣方便以較低的成本重置一些樣式。

然而，一旦選擇器開始嵌套，優先順序規則就會變得複雜，當我們想要重置某些樣式的時候，你會發現一個類名不管用，兩個類名也不管用，打開控制台一看，你希望重置的樣式居然有 6 個選擇器依次嵌套。例如，我從某知名網站首頁找的這段 CSS：

```
.layer_send_video_v3 .video_upbox dd .dd_succ .pic_default img {}
```

此時，如果想要重置 img 的樣式，只有這幾種方法：一是使用同一優先順序的選擇器，但這個選擇器的位置在需要重置的 CSS 代碼的後面；二是使用更深的層級，例如，使用 7 層選擇器，這是最常用的方法；三是要嘛使用備受詬病的 ID 選擇器，要嘛使用具有極大殺傷性的 !important。但它們都是很糟糕的解決方法。

我相信，只要稍微有點 CSS 開發經驗的人，一定遇到過這類優先順序覆蓋無效的問題，很多人都習以為常，認為這類問題很難避免，但總有解決之道。實際上，只要你徹底放棄這種嵌套寫法，確實可以完全避免它。

## 3‧樣式佈局脆弱

還是這段反例 CSS：

```
.layer_send_video_v3 .video_upbox dd .dd_succ .pic_default img {}
```

這段 CSS 中出現了 2 個標籤選擇器 dd 和 img，在實際開發維護的過程中，調整 HTML 標籤是非常常見的事情，例如，將 <dd> 元素換成語義更好的 <section>。但是，如果使用的是 dd 和 img 選擇器，HTML 標籤是不能換的，因為如果標籤換了，整個樣式都會無效，你必須去 CSS 檔中找到對應的標籤選擇器進行同步修改，維護成本巨大。

另外，過多選擇器層級已經完全限定死了 HTML 結構，導致日後想通過 HTML 調整層級或者位置非常困難，因為你一動就發現樣式掛掉了，樣式佈局非常脆弱，非常難以維護，會帶來巨大的人力成本和樣式佈局風險。

## 4 · 正確的選擇器用法

正確的選擇器用法是全部使用無嵌套的純類名選擇器。

例如，不要再使用下面的 HTML 和 CSS 代碼了：

```
<nav class="nav">
    <a href> 連結 1</a>
    <a href> 連結 2</a>
    <a href> 連結 3</a>
</nav>
.nav {}
.nav a {}
```

請換成：

```
<nav class="cs-nav">
    <a href class=»cs-nav-a»> 連結 1</a>
    <a href class=»cs-nav-a»> 連結 2</a>
    <a href class=»cs-nav-a»> 連結 3</a>
</nav>
.cs-nav {}
.cs-nav-a {}
```

不要再使用下面的 HTML 和 CSS 代碼了：

```
<div class="box">
    <figure class=»pic»>
        <img src=»./example.png» alt=» 示例圖片 ">
        <figcaption><i class=»icon»></i> 圖片標題 </figcaption>
    </figure>
</div>
.box {}
.box .pic {}
.box .pic .icon {}
```

請換成：

```
<div class="cs-box">
    <figure class=»cs-box-pic»>
```

```
      <img src=»./example.png» alt=» 示例圖片 ">
      <figcaption><i class=»cs-box-pic-icon»></i> 圖片標題 </figcaption>
   </figure>
</div>
.cs-box {}
.cs-box-pic {}
.cs-box-pic-icon {}
```

還有不要再出現下面這樣的語句了：

```
.layer_send_video_v3 .video_upbox dd .dd_succ .pic_default img { display: block; }
```

直接寫成下面這個就好了：

```
.pic_default_img { display: block; }
```

基本佈局就使用沒有嵌套、沒有串接的類選擇器就可以了。這樣的選擇器代碼少、性能高、擴展性強、維護成本低，沒有理由不使用它！

只有當我們需要更高的優先順序重置某些樣式，或者沒有操作 HTML 元素許可權的時候（如動態富文本）才需要借助其他選擇器、各類組合選擇器以及五花八門的虛擬類別設置 CSS 樣式。

然而，我也知道，給每個 HTML 標籤都命名很耗費腦細胞；每個 HTML 標籤都要寫 class，還要在 HTML 文件和 CSS 檔之間來回切換，十分耗費開發時間。人天生是懶惰的，加上項目時間緊，偷懶使用現成的 HTML 標籤作為選擇器也無可厚非。但實際上這些問題是有解決方法的，那就是面向屬性的命名，它可以用於解決這最後一千米的效率問題。

## 3-4-3　不要歧視面向屬性的命名

不少開發者是不認可下面這種基於 CSS 屬性本身的命名方式的，尤其是 Web 標準剛興起的那段時期：

```
.dn { display: none; }
.db { display: block; }
.dib { display: inline-block; }
```

```
...
.ml20 { margin-left: 20px; }
...
.vt { vertical-align: top; }
.vm { vertical-align: middle; }
.vb { vertical-align: vb;}
...
.text-ell { text-overflow: ellipsis; white-space: nowrap; overflow: hidden; }
.abs-clip { position: absolute; clip: rect(0 0 0 0); }
...
```

為什麼呢？因為這類命名本質上和在 HTML 元素上寫 style 屬性沒有什麼區別，例如：

```
<span class="dib ml20"> 文字 </span>
```

的性質和

```
<span style="display:inline-block; margin-left: 20px;"> 文字 </span>
```

是一樣的。只是前者在書寫上更為簡潔，優先順序更低。

然後有意思的事情來了，當我們需要調整樣式的時候，更動的是 HTML，而非 CSS，這不等於 HTML 和 CSS 耦合在一起了嗎？於是很多人就接受不了，尤其在推崇內容和樣式分離的年代。我們做技術，一定要保持理性，要有自己的思考，千萬不要被迷惑，最合適的才是最好的。技術的發展也像流行趨勢一樣是一個圈，轉了一圈又回來了。隨著 React 等框架的興起，「CSS in JavaScript」的概念居然也出現了，CSS 居然和 JavaScript 也耦合了，這要是放在 10 年前，簡直不可思議！

所以面向屬性的命名用法本身沒有任何問題，關鍵看你怎麼用，以及在什麼地方用。

我習慣將一個網站的頁面歸納為下面幾塊：公用結構、公用模組、UI 元件、精緻佈局和一些細枝末節。其中公用結構、公用模組、UI 元件、精緻佈局都不適合使用面向屬性的類名，前 3 個屬於頁面公用內容，如果使用了面向屬性的類名，日後維護起來會很不方便，因為這些內容散佈在專案的各個角落，一旦需要修改，則需要找到所有散佈的 HTML 代碼，顯然維護成本很高。精緻佈局也不適合使用面向屬性的類名，因為面向屬性的類名屬性單一，無法完全駕馭精緻的樣式佈局，還需要額外的語義化的類名，既然需要新的類名，也就沒有使用面向屬性類名的必要。

　　而一些細枝末節和特殊場景的微調則非常適合這種面向屬性的命名。這種命名能規避缺點，發揮優點。例如還是這段 CSS：

```
.layer_send_video_v3 .video_upbox dd .dd_succ .pic_default img { display: block; }
```

　　在某個很深的角落裡有一張圖片，我們希望這張圖片的 display 表現為 block，這樣底部就不會有空白間隙。這是一個完全不會在其他地方重用的 CSS，就算你專門給它命名一個語義化的 CSS，類似這樣：

```
.pic_default_img { display: block; }
```

　　也沒有任何價值。類名的意義就在於重複利用，如果它只是一次性的產物，真不如直接寫 style 內聯樣式，因為至少 DOM 元素的父子關係不會被 CSS 後代選擇器限制住。CSS 開發者似乎也意識到了這個問題，為了一個完全不會在其他地方使用的樣式，絞盡腦汁想一個不會產生衝突的名稱完全是一件收益為負的事情，於是就直接使用了標籤選擇器，少了一次命名和一次在 HTML 檔和 CSS 檔之間的切換，心理收益平衡了。

```
.dd_succ .pic_default img { display: block; }
```

　　但是這種懶惰降低了代碼品質，增加了維護的成本。實際上，這個問題是有非常好的解決之道的，那就是面向屬性的類名。

　　我們無須專門為一個完全不會重複使用的樣式命名，也不需要在 HTML 檔、CSS 檔之間來回切換，也不會有性能、優先順序以及維護性等方面的問題，你只需要在書寫 <img> 元素的時候順便加上一個名為 db 的類名就好了。

```
<figure class="pic_default">
    <img src=»1.png» class=»db»>
</figure>
```

　　日後就算你變更父元素類名，將 <img> 元素換成其他元素，也不用擔心樣式問題。

```
<figure class="cs-pic-default">
    <svg class=»db»></svg>
</figure>
```

　　實際開發中，面向屬性的類名的應用場景有很多，比方說設置兩個按鈕之間的間距、某段文字的字型大小、文字超出寬度後以 ... 顯示以及一些特殊場景的微調，甚至包括給公用的 UI 元件或模組快速打補丁。舉個大家都可能遇到過的例子，我們在寫按鈕元件的時候喜歡設置 vertical-align:middle，這樣它和文字並排顯示的時候也會垂直居中：

```
.cs-button {
    display: inline-block;
    vertical-align: middle;
    ...
}
```

　　這種用法一直用得好好的，突然在某個頁面這個按鈕要和 <textarea> 元素一行顯示，由於 <textarea> 元素的高度比按鈕高很多，因此頂對齊效果才好看，按鈕設置中的 vertical- align:middle 顯然不合適，需要將它修改成 vertical-align:top，怎麼辦？

　　這時多半會借助祖先類名重置一下，類似於：

```
.cs-xxxx .cs-button {
    vertical-align: top;
}
```

　　其實有更輕、更快、更好、更省的做法，只需要在寫 HTML 時候順手加一下 vt 就可以了：

```
<button class="cs-button vt"> 按鈕 </button>
```

　　這個例子也展現了「不要嵌套選擇器」的好處 —— 非常便於樣式重置與維護。由於類名沒有嵌套，因此同樣沒有嵌套的 vt 能夠正確重置 .cs-button 中設置的 vertical-align:middle 聲明，進而實現我們需要的效果。

## 3-4-4 正確使用狀態類名

頁面交互總是伴隨著各種狀態變化，包括禁用狀態、選中狀態、啟動狀態等。大多數前端人員在實現這些交互效果的時候是沒有什麼規範或者準則的。例如，一個常見的點擊「更多」從而顯示全部文字內容的交互：

```
<div id="content" class="cs-content">
    文字內容 ...
    <a href=»javascript:» id=»more» class=»cs-content-more»> 更多 </a>
</div>
.cs-content {
    height: 60px;
    line-height: 20px;
    overflow: hidden;
}
```

預設只顯示 3 行文字，點擊「更多」才會顯示全部的文字內容。根據我的觀察，多使用下面這兩種方法來實現。

(1) 用 JavaScript 一步搞定：

```
more.onclick = function () {
    content.style.height = ‹auto›;
};
```

(2) 用 CSS 類名控制：

```
.height-auto {
    height: auto;
}
```

此時 JavaScript 代碼為：

```
more.onclick = function () {
    content.className += ‹ height-auto›;
};
```

其實從產品角度講，上面兩種方式都無傷大雅，都是不錯的實現，但是從代碼層面講，它們均有不足之處。

(1) JavaScript 直接控制樣式的不足。由於我們的網頁樣式是由 CSS 控制的，一旦 JavaScript 也參與樣式控制，CSS 和 JavaScript 就存在交叉關係，這樣就增加了潛在的維護成本。需求一變，需要同時修改 CSS 和 JavaScript，考慮到很多公司寫 CSS 的和寫 JavaScript 的不是同一個人，這就導致樣式變化要動用兩個人力參與維護，進而增加了人力成本和開發週期。

(2) 命名語義過於隨意的問題。類名樣式保持語義本無可厚非，但是對於使用 JavaScript 實現的交互效果而言，語義化反而是問題所在。例如我們一看 .height-auto 就知道其背後的樣式與高度 auto 有關，但是由於類名的添加是在 JavaScript 中完成的，因此本質上下面這兩種實現沒有任何區別：

```
more.onclick = function () {
    content.style.height = ‹auto›;
};
more.onclick = function () {
    content.className += ‹ height-auto›;
};
```

例如，設計師突然希望這裡的展開不要這麼生硬，要有動畫效果，雖然說從技術的角度來講，我們只需要修改 CSS 代碼就可以了，但是，對於這個 .height-auto 命名就有些一言難盡了。設想一下，如果我們把裡面的樣式改成了 CSS3 動畫的相關內容，是不是就牛頭不對馬嘴了？是不是要去 JavaScript 中把這個類名改成 .height-animate 之類的。看，最後還是改了兩處地方。

另外，還有一個看上去不是問題的問題，那就是，一個頁面往往會有很多的交互效果，如果每個交互效果都有一個對應的類名來進行控制，那豈不是 JavaScript 檔中有很多控制樣式的類名，代碼的可維護性就變差了。

最佳實踐方法就是使用 .active、.checked 等這種狀態類名進行交互控制。

```
more.onclick = function () {
    content.className += ‹ active›;
};
```

而且是專案中所有的頁面交互都使用這個狀態類名進行交互控制，沒錯，是所有！

但這樣做難道不會造成樣式衝突嗎？不會，大家只要遵循下面這條準則即可：.active 狀態類名自身絕對不能有 CSS 樣式！

再重複一遍，.active 類名自身無樣式，就是一個狀態識別字，用來與其他類名發生關係，讓其他類名的樣式發生變化。這種關係可以是父子、兄弟或者自身。還是看看點擊「更多」展開全部文字這個例子：

```css
.cs-content {
    height: 60px;
    line-height: 20px;
    overflow: hidden;
}
.cs-content.active {
    height: auto;
}
.active > .cs-content-more {
    display: none;
}
```

JavaScript 代碼如下：

```javascript
more.onclick = function () {
    content.className += ‹ active ›;
};
```

可以看到，高度變化是由 .cs-content.active 串接類名觸發的，更多按鈕隱藏是由 .active>.cs-content-more 父子關係觸發的。.active 類名本身沒有任何樣式，就是一個狀態識別字，雖然 .active 類名出現在了 JavaScript 中，但是由於其本身無樣式，因此是真正意義上的樣式和行為分離！

例如，設計師突然希望展開的過程以動畫形式呈現，直接修改 CSS 即可，JavaScript 不需要任何更動，因為 JavaScript 中沒有包含任何樣式：

```css
.cs-content {
    max-height: 60px;
```

```
    line-height: 20px;
    transition: max-height .5s;
    overflow: hidden;
}
.cs-content.active {
    max-height: 200px;
}
.active > .cs-content-more {
    display: none;
}
```

很顯然，基於狀態類名實現交互控制可以有效降低日後的維護成本，除此之外，還有其他很多優點。

(1) 不再為命名煩惱。開發者不再花精力和時間想合適的命名，因此提高了開發效率。

(2) 可讀性更強了。CSS 和 JavaScript 代碼的可讀性更強了，一旦在 CSS 或 JavaScript 中看到 '.active'，大家都知道頁面的這塊內容包含交互效果。

(3) JavaScript 代碼量更少了。例如，我們在全域或者頂層局部定義了這麼一個變數：

```
var ACTIVE = 'active';
```

由於我們所有的交互都只用這一個類名，因此 JavaScript 代碼的壓縮率更高，也更好維護。

(4) 類名壓縮成為可能。我從未在國內見到 HTML 類名是有壓縮的，類名壓縮最大的阻礙就是我們在實現交互效果的時候把帶有 CSS 樣式的類名混在 JavaScript 檔中，並且命名隨意，還會把類名字串進行分隔處理，尤其是一些網上的 UI 元件，類似：

```
var classNameRoot = 'swipe-slide-';
```

然後，通過這個類名首碼，拼接其他類名，你說，這該如何準確壓縮。

但是，如果大家正確使用狀態類名，我們就可以通過簡單配置不參與壓縮的類名來實現我們的類名壓縮效果。例如，在 config.js 中：

```
{
    «compressClassName»: true,

    «ignoreClassName»: [«active», «disabled», «checked», «selected», «open»]
}
```

具體實現非本書重點，這裡不展開講述。需要注意的是，類名壓縮需要 CSS 規範約束，同時需要有良好的 CSS 編碼習慣才行，多人合作的項目不太實際，你無法保證別人和你一樣專業。

建議狀態類名的命名也盡可能和原生控制項的標準 HTML 屬性一致，這樣代碼更易讀，也顯得你更專業。例如對於自訂單核取方塊的選中狀態，建議使用 .checked，對於自訂下拉清單的選中狀態，建議使用 .selected，對於自訂彈框，建議使用 .open。其餘全部可以採用 .active。當然，這只是我的個人習慣，我見過有人使用 .on 作為狀態類名，這也是可以的。

## 3-4-5 最佳實踐匯總

最後，有必要對 CSS 選擇器設計的最佳實踐做一個補充和總結。

### 1・命名書寫

(1) 命名建議使用小寫，使用英文單字或縮寫，對於專有名詞，可以使用拼音，例如：

```
.cs-logo-youku {}
```

不建議使用駝峰命名，駝峰命名建議專門給 JavaScript DOM 用，以便和 CSS 樣式類名區分開。

```
.csLogoYouku {}     /* 不建議 */
```

(2) 對於組合命名，可以短橫線或底線連接，可以組合使用短橫線和底線，也可以連續短橫線或底線連接，任何方式都可以，只要在項目中保持一致就可以：

```
.cs-logo-youku {}
.cs_logo_youku {}
```

```
.cs-logo--youku {}
.cs-logo__youku {}
```

組合個數沒有必要超過 5 個，5 個是極限。

(3) 設置統一首碼，強化品牌同時避免樣式衝突：

```
.cs-header {}
.cs-logo {}
.cs-logo-a {}
```

這樣，CSS 代碼的美觀度也會提升很多。

## 2 · 選擇器類型

根據選擇器的使用類型，我將網站 CSS 分為 3 個部分，分別是 CSS 重置樣式、CSS 基礎樣式和 CSS 交互變化樣式。

無論哪種樣式，都沒有任何理由使用 ID 選擇器，實在要用，使用屬性選擇器代替，它的優先順序和類選擇器一模一樣。

```
[id="someId"] {}
```

CSS 樣式的重置可以使用標籤選擇器或者屬性選擇器等：

```
body, p { margin: 0; }

[type="radio"],
[type="checkbox"] {
    position: absolute; clip: rect(0 0 0 0);
}
```

所有的 CSS 基礎樣式全部使用類選擇器，沒有層級，沒有標籤。

```
.cs-module .img {}      /* 不建議 */
.cs-module-ul > li {}      /* 不建議 */
```

不要偷懶，在 HTML 的標籤上都寫上不會衝突的類名：

```
.cs-module-img {}
.cs-module-li {}
```

所有 HTML 都需要重新命名的問題可以透過面向屬性命名的 CSS 樣式庫得到解決。

所有選擇器嵌套或者串接，所有的虛擬類別全部都在 CSS 交互樣式發生變化的時候使用。例如：

```
.cs-content.active {
    height: auto;
}
.active > .cs-content-more {
    display: none;
}
```

例如：

```
.cs-button:active {
    filter: hue-rotate(5deg);
}
.cs-input:focus {
    border-color: var(--blue);
}
```

狀態類名本身不包含任何 CSS 樣式，它就是一個識別字。

如果我們無法修改 HTML，例如無法通過修改 class 屬性添加新的類名，則串接、嵌套，以及各種高級虛擬類別的使用都不受上面規則的限制。

再和目前很多人的實現對比一下，最佳實踐的不同之處就在於：

- 無標籤，無層級。

- 狀態類名識別字。

- 面向屬性命名的 CSS 樣式庫。

## 3・CSS 選擇器分佈

一圖勝千言，我們先來看一下圖 3-5。

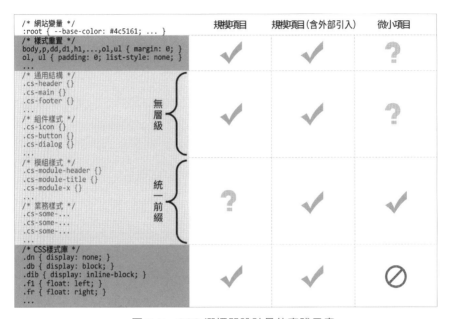

▲ 圖 3-5　CSS 選擇器設計最佳實踐示意

圖 3-5 中的對號表示需要使用與遵循的，問號表示可以使用也可以不使用的，禁止符號表示不建議使用的。大家可以根據自己專案的實際情況制定更優的選擇器設計策略。

## 4・極致與權衡

對極致代碼的追求無可厚非，但物極必反，一味追求完美無瑕的代碼，説不定會帶來另外的成本提升，作為一個成熟的職業的開發人員，要學會適當拋棄代碼層面的自我滿足，學會站在利益的角度權衡出最好的實踐。

説這句話的用意是，雖然理論上，上面我總結的最佳實踐是最完美的，但並不是要求大家死板遵循，大家可以根據自己的經驗評估，需要掌握一個度。舉例來説，我希望某清單的第一個元素的 margin-top 為 0，理論上最好的方法是在 HTML 輸出的時候判斷這個元素是否是清單的第一個元素，然後加個專門的類名。例如：

```
<ul class="cs-module-ul">
    <li class=»cs-module-li cs-module-li-first»>列表 1</li>
    <li class=»cs-module-li»>列表 2</li>
    <li class=»cs-module-li»>列表 3</li>
</ul>
```

CSS 如下：

```
.cs-module-li { margin-top: 20px; }
.cs-module-li-first { margin-top: 0; }
```

但是，在實際開發的時候，判斷一個清單位置是需要額外的邏輯的，這個邏輯往往由負責頁面內容輸出的開發人員來實現，如果我們將我們對於樣式的需求交給了開發人員，不僅麻煩了別人，又給日後的維護帶來了更多的風險，所以，在這種場景下，更好的實現其實是虛擬類別：

```
<ul class="cs-module-ul">
    <li class=»cs-module-li»>列表 1</li>
    <li class=»cs-module-li»>列表 2</li>
    <li class=»cs-module-li»>列表 3</li>
</ul>
.cs-module-li { margin-top: 20px; }
.cs-module-li:first-child { margin-top: 0; }
```

如果無須相容 IE8，還可以像下面這樣實現：

```
.cs-module-li:not(:first-child) {
    margin-top: 20px;
}
```

雖然 CSS 代碼層面的性能有所降低，優先順序也被提高了，但這些影響極小概率會帶來可感知的問題，相比麻煩另外一個開發同事要更划算。

重要的是要學會權衡。

精通 CSS 組合
選擇器

Chapter
**04**

　　CSS 組合選擇器目前有下面這幾個：後代選擇器空格 ( )、子選擇器箭頭（>）、相鄰兄弟選擇器加號（＋）、一般兄弟選擇器彎彎（~）和列選擇器雙管道（||）。其中對於前 4 個組合選擇器，瀏覽器支持的時間較早，非常實用，是本章的重點。最後的列選擇器算是新貴，與 Table 等佈局密切相關，但目前瀏覽器的相容性還不足以使它被實際應用，因此就簡單介紹一下。

## 4-1　後代選擇器空格 ( )

　　後代選擇器是非常常用的組合選擇器，隨手抓一個線上的 CSS 檔就可以看到這個組合選擇器，它從 IE6 時代就開始被支持了。但即使天天見，也不見得真的很瞭解它。

### 4-1-1　對 CSS 後代選擇器可能的錯誤認識

　　看這個例子，HTML 和 CSS 代碼分別如下：

```
<div class="lightblue">
   <div class=»darkblue»>
      <p>1. 顏色是 ? </p>
   </div>
</div>
<div class="darkblue">
   <div class=»lightblue»>
      <p>2. 顏色是 ? </p>
   </div>
</div>
.lightblue { color: lightblue; }
.darkblue { color: darkblue; }
```

請問文字的顏色是什麼？

這個問題比較簡單，因為 color 具有繼承特性，所以文字的顏色由 DOM 最深的賦色元素決定，因此 1 和 2 的顏色分別是深藍色和淺藍色，如圖 4-1 所示。

1. 顏色是？

▲ 圖 4-1　類別選擇器與文字顏色

線上觀看範例：

https://demo.cssworld.cn/selector/4/1-1.php

但是，如果把這裡的類別選擇器換成後代選擇器，那就沒這麼簡單了，很多人會搞錯最終呈現的文字顏色：

```
<div class="lightblue">
    <div class=»darkblue»>
        <p>1. 顏色是？</p>
    </div>
</div>
<div class="darkblue">
    <div class=»lightblue»>
        <p>2. 顏色是？</p>
    </div>
</div>
.lightblue p { color: lightblue; }
.darkblue p { color: darkblue; }
```

早年我拿這道題作為面試題，全軍覆沒，沒人答對，大家都認為結果是深藍色和淺藍色，實際上不是，正確答案是，1 和 2 全部都是深藍色，如圖 4-2 所示。

1. 顏色是？

2. 顏色是？

▲ 圖 4-2　後代選擇器與文字顏色

　　很多人會搞錯的原因就在於他們對後代選擇器有錯誤的認識，當包含後代選擇器的時候，整個選擇器的優先順序與父項目的 DOM 層級沒有任何關係，這時要看落地元素的優先順序。在本例中，落地元素就是最後的 <p> 元素。兩個 <p> 元素彼此分離，非嵌套，因此 DOM 層級平行，沒有先後；再看選擇器的優先順序，.lightblue p 和 .darkblue p 是一個類別選擇器（數值 10）和一個標籤選擇器（數值 1），選擇器優先順序的計算值一樣；此時就要看它們在 CSS 檔中的位置，遵循後來居上的規則，由於 .darkblue p 更靠後，因此，<p> 都是按照 color:darkblue 進行顏色渲染的，於是，最終 1 和 2 的文字顏色全部都是深藍色。

　　線上觀看範例：

https://demo.cssworld.cn/selector/4/1-2.php

　　有點反直覺，大家可以多琢磨、消化一番。

　　如果覺得已經了解了，可以看看下面這兩段 CSS 語句，也算是一個小測驗。

　　例 1：此時 1 和 2 的文字顏色是什麼？

```
:not(.darkblue) p { color: lightblue; }
.darkblue p { color: darkblue; }
```

　　答案：1 和 2 的文字顏色也同樣都是 darkblue（深藍色）。因為 :not() 本身的優先順序為 0（詳見第 2 章），所以 :not(.darkblue）p 和 .darkblue p 的優先順序計算值是一樣的，遵循後來居上的規則，.darkblue p 位於靠後的位置，因此 1 和 2 的文字顏色都是深藍色。

　　例 2：此時 1 和 2 的文字顏色是什麼？

```
.lightblue.lightblue p { color: lightblue; }
.darkblue p { color: darkblue; }
```

　　答案：1 和 2 的文字顏色都是 lightblue（淺藍色）。因為選擇器 .lightblue.lightblue p 的優先順序更高。

## 4-1-2　對 JavaScript 中後代選擇器可能錯誤的認識

直接看例子，HTML 如下：

```
<div id="myId">
    <div class=»lonely»> 單身如我 </div>
    <div class=»outer»>
        <div class=»inner»> 內外開花 </div>
    </div>
</div>
```

下面使用 JavaScript 和後代選擇器獲取元素，請問下面兩行語句的輸出結果分別是：

```
// 1. 長度是？
document.querySelectorAll('#myId div div').length;
// 2. 長度是？
document.querySelector('#myId').querySelectorAll('div div').length;
```

很多人會認為這兩條語句返回的長度都是 1，實際上不是，它們返回的長度值分別是 1 和 3！

圖 4-3 是我在瀏覽器控制台測試出來的結果。

```
> // 1. 長度是?
  document.querySelectorAll('#myId div div').length;
< 1
> // 2. 長度是?
  document.querySelector('#myId').querySelectorAll('div div').length;
< 3
> |
```

▲ 圖 4-3　JavaScript 後代選擇器獲取的元素的長度

第一個結果符合我們的理解，不解釋。為何下一個語句返回的 NodeList 的長度是 3 呢？

其實這很好解釋，一句話：CSS 選擇器是獨立於整個頁面的！

什麼意思呢？例如，你在頁面一個很深的 DOM 元素裡面寫上：

```
<style>
div div { }
</style>
```

整個網頁，包括父級，只要是滿足 div div 這種後代關係的元素，全部都會被選中，對吧，這點大家都清楚的。

querySelectorAll 裡面的選擇器同樣也是全域特性。document.querySelector ( '#myId').querySelectorAll('div div') 翻譯過來的意思就是：查詢 #myId 元素的子元素，選擇所有同時滿足整個頁面下 div div 選擇器條件的 DOM 元素。

此時我們再仔細看看原始的 HTML 結構會發現，在全域視野下，div.lonely、div. outer、div.inner 全部都滿足 div div 這個選擇器條件，於是，最終返回的長度為 3。如果我們在瀏覽器控制台輸出所有 NodeList，也是這個結果：

```
NodeList(3) [div.lonely, div.outer, div.inner]
```

這就是對 JavaScript 中後代選擇器可能錯誤的認識。

其實，要想 querySelectorAll 後面的選擇器不是全域匹配，也是有辦法的，可以使用 :scope 虛擬類別，其作用就是讓 CSS 選擇器的作用域局限在某一範圍內。例如，可以將上面的例子改成下面這樣：

```
// 3. 長度是?
document.querySelector('#myId').querySelectorAll(':scope div div').length;
```

則最終的結果就是 1，如圖 4-4 所示。

▲ 圖 4-4 :scope 虛擬類別下獲取的元素的長度

關於 :scope 虛擬類別的更多內容，可以參見第 12 章。

## 4-2 子選擇器箭頭（>）

子選擇器也是非常常用、非常重要的一個組合選擇器，IE7 瀏覽器開始支持，和後代選擇器空格有點遠房親戚的感覺。

### 4-2-1 子選擇器和後代選擇器的區別

子選擇器只會匹配第一代子元素，而後代選擇器會匹配所有子元素。

看一個例子，HTML 結構如下：

```
<ol>
    <li>顏色是？</li>
    <li>顏色是？
        <ul>
            <li>顏色是？</li>
            <li>顏色是？</li>
        </ul>
    </li>
    <li>顏色是？</li>
</ol>
```

CSS 如下：

```
ol li {
    color: darkblue;
    text-decoration: underline;
}
ol > li {
    color: lightblue;
    text-decoration: underline wavy;
}
```

由於父子元素不同的 text-decoration 屬性值會不斷累加，因此我們可以根據底線的類型準確判斷出不同組合選擇器的作用範圍。最終的結果如圖 4-5 所示。

顏色是？　←　只有波浪線
　　　　　←　實線和波浪線

顏色是？

▲ 圖 4-5　子選擇器和後代選擇器的測試結果截圖

可以看到，外層所有文字的底線都只有波浪類型，而內層文字的底線是實線和波浪線的混合類型。而實線底線是 ol li 選擇器中的 text-decoration:underline 聲明產生的，波浪線底線是 ol>li 選擇器中的 text-decoration:underline wavy 聲明產生的，這就說明，ol>li 只能作用於當前子 <li> 元素，而 ol li 可以作用於所有的後代 <li> 元素。

以上就是這兩個組合選擇器的差異。顯然後代選擇器的匹配範圍要比子選擇器的匹配範圍更廣，因此，同樣的選擇器下，子選擇器的匹配性能要優於後代選擇器。但這種性能優勢的價值有限，幾乎沒有任何意義，因此不能作為組合選擇器技術選型的優先條件。

線上觀看範例：

https://demo.cssworld.cn/selector/4/2-1.php

## 4-2-2　適合使用子選擇器的場景

能不用子選擇器就儘量不用，雖然它的性能優於後代選擇器，但與其日後帶來的維護成本相比，實在不值一提。

舉個例子，有一個模組容器，類名是 .cs-module-x，這個模組在 A 區域和 B 區域的樣式有一些差異，需要重置，我們通常的做法是給容器外層元素重新命名一個類進行重置，如 .cs-module-reset-b，此時，很多開發者（也沒想太多）就使用了子選擇器：

```
.cs-module-reset-b > .cs-module-x {
    width: fit-content;
}
```

作為過來人，建議大家使用後代選擇器代替：

```
/* 建議 */
.cs-module-reset-b .cs-module-x {
    position: absolute;
}
```

因為一旦使用了子選擇器，元素的層級關係就被強制綁定了，日後需要維護或者需求發生變化的時候一旦調整了層級關係，整個樣式就失效了，這時還要對 CSS 代碼進行同步調整，增加了維護成本。

記住：使用子選擇器的主要目的是避免衝突。本例中，.cs-module-x 容器內部不可能再有一個 .cs-module-x，因此使用後代選擇器絕對不會出現衝突問題，反而會讓結構變得更加靈活，就算日後再嵌套一層標籤，也不會影響佈局。

適合使用子選擇器的場景通常有以下幾個。

(1) 狀態類名控制。例如使用 .active 類名進行狀態切換，會遇到祖先和後代都存在 .active 切換的場景，此時子選擇器是必需的，以免影響後代元素，例如：

```
.active > .cs-module-x {
    display: block;
}
```

(2) 標籤受限。例如當 <li> 標籤重複嵌套，同時我們無法修改標籤名稱或者設置類名的時候（例如 WordPress 中的協力廠商小工具），就需要使用子選擇器進行精確控制。

```
.widget > li {}
.widget > li li {}
```

(3) 層級位置與動態判斷。例如一個時間選擇元件的 HTML 通常會放在 <body> 元素下，作為 <body> 的子元素，以絕對定位浮層的形式呈現。但有時候其需要以靜態佈局嵌在頁面的某個位置，這時如果我們不方便修改元件源碼，則可以借助子選擇器快速打一個補丁：

```
:not(body) > .cs-date-panel-x {
    position: relative;
}
```

意思就是當元件容器不是 <body> 子元素的時候取消絕對定位。

子選擇器就是把雙刃劍，它通過限制關係使得結構更加穩固，但同時也失去了彈性和變化，需要審慎使用。

## 4-3 相鄰兄弟選擇器加號（＋）

相鄰兄弟選擇器也是非常實用的組合選擇器，IE7 及以上版本的瀏覽器支援，它可以用於選擇相鄰的兄弟元素，但只能選擇後面一個兄弟。我們將通過一個簡單的例子快速瞭解一下相鄰兄弟選擇器，HTML 和 CSS 如下：

```
<ol>
    <li>1. 顏色是？</li>
    <li class=»cs-li»>2. 顏色是？</li>
    <li>3. 顏色是？</li>
    <li>4. 顏色是？</li>
</ol>
.cs-li + li {
    color: skyblue;
}
```

結果如圖 4-6 所示。

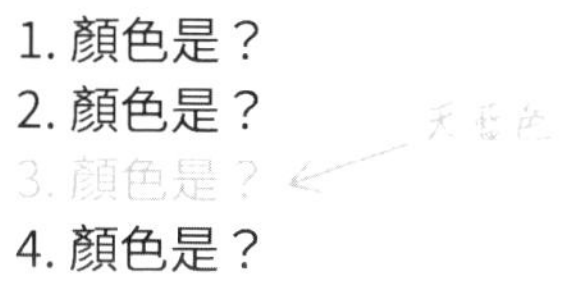

1. 顏色是？
2. 顏色是？
3. 顏色是？
4. 顏色是？

▲ 圖 4-6 相鄰兄弟選擇器測試結果截圖

可以看到，.cs-li 後面一個 <li> 的顏色變成天藍色了，結果符合我們的預期，因為 .cs-li+li 表示的就是選擇 .cs-li 元素後面一個相鄰且標籤是 li 的元素。如果這裡的選擇器是 .cs-li+p，則不會有元素被選中，因為 .cs-li 後面是 <li> 元素，並不是 <p> 元素。

線上觀看範例：

https://demo.cssworld.cn/selector/4/3-1.php

## 4-3-1 相鄰兄弟選擇器的相關細節

實際開發時，我們的 HTML 不一定都是整整齊齊的標籤元素，此時，相鄰兄弟選擇器又當如何表現呢？

### 1・文本節點與相鄰兄弟選擇器

CSS 很簡單：

```
h4 + p {
   color: skyblue;
}
```

然後我們在 <h4> 和 <p> 元素之間插入一些文字，看看 <p> 元素的顏色是否還是天藍色？

```
<h4>1. 文本節點 </h4>
中間有字元間隔，顏色是？
<p> 如果其顏色為天藍，則説明相鄰兄弟選擇器忽略了文本節點。</p>
```

結果如圖 4-7 所示，<p> 元素的顏色依然為天藍，這説明相鄰兄弟選擇器忽略了文本節點。

**1. 文本節點**

中間有字符間隔，顏色是?

天藍色

如果其顏色為天藍，則説明相鄰兄弟選擇器忽略了文本節點。

▲ 圖 4-7　相鄰兄弟選擇器忽略文本節點效果截圖

### 2 · 注釋節點與相鄰兄弟選擇器

CSS 很簡單：

```
h4 + p {
    color: skyblue;
}
```

然後我們在 <h4> 和 <p> 元素之間插入一段注釋，看看 <p> 元素的顏色是否還是天藍色？

```
<h4>2. 注釋節點 </h4>
<!-- 中間有注釋間隔，顏色是？ -->
<p> 如果其顏色為天藍，則説明相鄰兄弟選擇器忽略了注釋節點。</p>
```

結果如圖 4-8 所示，<p> 元素的顏色依然為天藍，説明相鄰兄弟選擇器忽略了注釋節點。

**2. 注釋節點**

如果其顏色為天藍，則説明相鄰兄弟選擇器忽略了注釋節點。

▲ 圖 4-8　相鄰兄弟選擇器忽略注釋節點效果截圖

由此，我們可以得到關於相鄰兄弟選擇器的更多細節知識，即相鄰兄弟選擇器會忽略文本節點和注釋節點，只認元素節點。

線上觀看範例：

https://demo.cssworld.cn/selector/4/3-2.php

## 4-3-2　實現類似 :first-child 的效果

相鄰兄弟選擇器可以用來實現類似 :first-child 的效果。

例如，我們希望除了第一個列表以外的其他清單都有 margin-top 屬性值，首先想到就是 :first-child 虛擬類別，如果無須相容 IE8 瀏覽器，可以這樣實現：

```
.cs-li:not(:first-child) { margin-top: 1em; }
```

如果需要相容 IE8 瀏覽器，則可以分開處理：

```
.cs-li { margin-top: 1em; }
.cs-li:first-child { margin-top: 0; }
```

下面介紹另外一種方法，那就是借助相鄰兄弟選擇器，如下：

```
.cs-li + .cs-li { margin-top: 1em; }
```

由於相鄰兄弟選擇器只能匹配後一個元素，因此第一個元素就會落空，永遠不會被匹配，於是自然而然就實現了非首清單元素的匹配。

實際上，此方法相比 :first-child 的適用性更廣一些，例如，當容器的第一個子元素並非 .cs-li 的時候，相鄰兄弟選擇器這個方法依然有效，但是 :first-child 此時卻無效了，因為沒有任何 .cs-li 元素是第一個子元素了，無法匹配 :first-child。用事實說話，有如下 HTML：

```
<div class="cs-g1">
    <h4> 使用 :first-child 實現 </h4>
    <p class=»cs-li»> 清單內容 1</p>
    <p class=»cs-li»> 清單內容 2</p>
    <p class=»cs-li»> 清單內容 3</p>
</div>
<div class="cs-g2">
    <h4> 使用相鄰兄弟選擇器實現 </h4>
    <p class=»cs-li»> 清單內容 1</p>
    <p class=»cs-li»> 清單內容 2</p>
    <p class=»cs-li»> 清單內容 3</p>
</div>
```

.cs-g1 和 .cs-g2 中的 .cs-li 分別使用了不同的方法實現，如下：

```
.cs-g1 .cs-li:not(:first-child) {
    color: skyblue;
}
.cs-g2 .cs-li + .cs-li {
```

```
    color: skyblue;
}
```

對比測試，結果如圖 4-9 所示。

**使用:first-child實現　使用相鄰兄弟選擇器實現**

列表內容1　　　　　　　列表內容1 ←
列表內容2　　　　　　　列表內容2　　第一個列表元素
列表內容3　　　　　　　列表內容3　　符合預期，沒變色

▲ 圖 4-9　使用 :first-child 與相鄰兄弟選擇器得到的測試結果對比

可以明顯看到，相鄰兄弟選擇器實現的方法第一個清單元素的顏色依然是黑色，而非天藍色，說明正確匹配了非首清單元素，而 :first-child 的所有清單元素都是天藍色，匹配失敗。可見，相鄰兄弟選擇器的適用性要更廣一些。

線上觀看範例：

https://demo.cssworld.cn/selector/4/3-3.php

## 4-3-3　眾多高級選擇器技術的核心

相鄰兄弟選擇器最硬核的應用還是配合諸多虛擬類別低成本實現很多實用的交互效果，是眾多高級選擇器技術的核心。

舉個簡單的例子，當我們聚焦輸入框的時候，如果希望後面的提示文字顯示，則可以借助相鄰兄弟選擇器輕鬆實現，原理很簡單，把提示文字預先埋在輸入框的後面，當觸發 focus 行為的時候，讓提示文字顯示即可，HTML 和 CSS 如下：

```
用戶名:<input><span class="cs-tips"> 不超過 10 個字元 </span>
.cs-tips {
    color: gray;
    margin-left: 15px;
    position: absolute;
    visibility: hidden;
```

```
}
:focus + .cs-tips {
  visibility: visible;
}
```

無須任何 JavaScript 代碼參與，效果如圖 4-10 所示，上圖為失焦時候的效果圖，下圖為聚焦時候的效果圖。

用戶名：

用戶名： 不超過10個字元

▲ 圖 4-10　失焦和聚焦時候的效果圖

線上觀看範例：

https://demo.cssworld.cn/selector/4/3-4.php

這裡只是拋磚引玉，更多精彩的應用請參見第 9 章。

## 4-4　一般兄弟選擇器彎彎（~）

一般兄弟選擇器和相鄰兄弟選擇器的相容性一致，都是從 IE7 瀏覽器開始支援的，可以放心使用。兩者的實用性和重要程度也是類似的，總之它們的關係較近，有點遠房親戚的味道。

### 4-4-1　和相鄰兄弟選擇器區別

相鄰兄弟選擇器只會匹配它後面的第一個兄弟元素，而一般兄弟選擇器會匹配後面的所有兄弟元素。

看一個例子，HTML 結構如下：

```
<p class="cs-li"> 清單內容 1</p>
<h4 class="cs-h"> 標題 </h4>
```

```
<p class="cs-li"> 清單內容 2</p>
<p class="cs-li"> 清單內容 3</p>
```

　　CSS 如下：

```
.cs-h ~ .cs-li {
    color: skyblue;
    text-decoration: underline;
}
.cs-h + .cs-li {
    text-decoration: underline wavy;
}
```

　　最終的結果如圖 4-11 所示。

▲ 圖 4-11　相鄰兄弟選擇器和一般兄弟選擇器測試結果對比

　　可以看到 .cs-h 後面的所有 .cs-li 元素的文字的顏色都變成了天藍色，但是只有後面的第一個 .cs-li 元素才有波浪線。這就是相鄰兄弟選擇器和一般兄弟選擇器的區別，匹配一個和匹配後面全部的元素。

　　因此，同選擇器條件下，相鄰兄弟選擇器的性能要比一般兄弟選擇器高一些，但是，在 CSS 中，沒有一定的數量級，談論選擇器的性能是沒有意義的，因此，關於性能的權重大家可以看淡一些。

　　至於其他細節，兩者是類似的，例如，一般兄弟選擇器也會忽略文本節點和注釋節點。

線上觀看範例：

https://demo.cssworld.cn/selector/4/4-1.php

## 4-4-2　為什麼沒有前面兄弟選擇器

我們可以看到，無論是相鄰兄弟選擇器還是一般兄弟選擇器，它們都只能選擇後面的元素，我第一次認識這兩個組合選擇器的時候，就有這麼一個疑問：為什麼沒有前面兄弟選擇器？

後來我才明白，沒有前面兄弟選擇器和沒有父元素選擇器的原因是一樣的，它們都受制於 DOM 渲染規則。

瀏覽器解析 HTML 文檔是從前往後，由外而內進行的，所以我們時常會看到頁面先出現頭部然後再出現主體內容的情況。

但是，如果 CSS 支持了前面兄弟選擇器或者父元素選擇器，那就必須要等頁面所有子元素載入完畢才能渲染 HTML 文檔。因為所謂「前面兄弟選擇器」，就是後面的 DOM 元素影響前面的 DOM 元素，如果後面的元素還沒被載入並處理，又如何影響前面的元素樣式呢？如果 CSS 真的支援這樣的組合選擇器，網頁呈現速度必然會大大減慢，瀏覽器會出現長時間的白板，這會造成不好的體驗。

有人可能會說，依然強制採取載入到哪裡就渲染到哪裡的策略呢？這樣做會導致更大的問題，因為會出現載入到後面的元素的時候，前面的元素已經渲染好的樣式會突然變成另外一個樣式的情況，這也會造成不好的體驗，而且會觸發強烈的重排和重繪。

實際上，現在規範文檔有一個虛擬類別 :has 可以實現類似父選擇器和前面選擇器的效果，且這個虛擬類別 2013 年就被提出過，但是這麼多年過去了，依然沒有任何瀏覽器實現相關功能。在我看來，就算再過 5 到 10 年，CSS 支持前面兄弟選擇器或者父選擇器的可能性也很低，這倒不是技術層面上實現的可能性較低，而是 CSS 和 HTML 本身的渲染機制決定了這樣的結果。

## 4-4-3　如何實現前面兄弟選擇器的效果

但是我們在實際開發的時候，確實存在很多場景需要控制前面的兄弟元素，此時又該怎麼辦呢？

兄弟選擇器只能選擇後面的元素，但是這個「後面」僅僅指代碼層面的後面，而不是視覺層面的後面。也就是說，我們要實現前面兄弟選擇器的效果，可以把這個「前面的元素」的相關代碼依然放在後面，但是視覺上將它呈現在前面就可以了。

DOM 位置和視覺位置不一致的實現方法非常多，常見的如 float 浮動實現，absolute 絕對定位實現，所有具有定位特性的 CSS 屬性（如 margin、left/top/right/bottom 以及 transform）也可以實現。更高級點的就是使用 direction 或者 writing-mode 改變文檔流順序。在移動端，我們還可以使用 Flex 佈局，它可以幫助我們更加靈活地控制 DOM 元素呈現的位置。

用實例說話，例如，我們要實現聚焦輸入框時，前面的描述文字用戶名也一起高亮顯示的效果，如圖 4-12 所示。

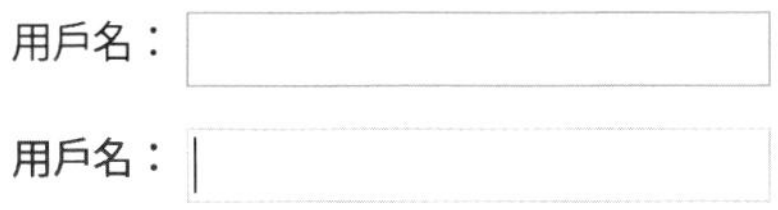

▲ 圖 4-12　輸入框聚焦，前面文字高亮顯示的效果圖

下面給出 4 種不同的方法來實現這裡的前面兄弟選擇器效果。

(1) Flex 佈局實現。Flex 佈局中有一個名為 flex-direction 的屬性，該屬性可以控制元素水準或者垂直方向呈現的順序。

HTML 和 CSS 代碼如下：

```
<div class="cs-flex">
    <input class=»cs-input»><label class=»cs-label»>用戶名：</label>
</div>
.cs-flex {
    display: inline-flex;
    flex-direction: row-reverse;
}
.cs-input {
    width: 200px;
}
.cs-label {
    width: 64px;
}
:focus ~ .cs-label {
```

```
    color: darkblue;
    text-shadow: 0 0 1px;
}
```

這一方法主要通過 flex-direction:row-reverse 調換元素的水準呈現順序來實現
DOM 位置和視覺位置的不一樣。此方法使用簡單，方便快捷，唯一的問題是
相容性，用戶群是外部用戶的桌面端網站項目慎用，移動端無礙。

(2) float 浮動實現。通過讓前面的 <input> 輸入框右浮動就可以實現位置調換了。
HTML 和 CSS 代碼如下：

```
<div class="cs-float">
    <input class=»cs-input»><label class=»cs-label»> 用戶名：</label>
</div>
.cs-float {
    width: 264px;
}
.cs-input {
    float: right;
    width: 200px;
}
.cs-label {
    display: block;
    overflow: hidden;
}
:focus ~ .cs-label {
    color: darkblue;
    text-shadow: 0 0 1px;
}
```

這一方法的相容性極佳，但仍有不足，首先就是容器寬度需要根據子元素的
寬度計算，當然，如果無須相容 IE8，配合 calc() 計算則沒有這個問題；其次
就是不能實現多個元素的前面組合選擇器效果，這個比較致命。

(3) absolute 絕對定位實現。這個很好理解，就是把後面的 <label> 絕對定位到前
面就好了。

HTML 和 CSS 代碼如下：

```
<div class="cs-absolute">
    <input class=»cs-input»><label class=»cs-label»> 用戶名：</label>
</div>
.cs-absolute {
    width: 264px;
    position: relative;
}
.cs-input {
    width: 200px;
    margin-left: 64px;
}
.cs-label {
    position: absolute;
    left: 0;
}
:focus ~ .cs-label {
    color: darkblue;
    text-shadow: 0 0 1px;
}
```

這一方法的相容性不錯，也比較好理解。缺點是當元素較多的時候，控制成本比較高。

(4) direction 屬性實現。借助 direction 屬性改變文檔流的順序可以輕鬆實現 DOM 位置和視覺位置的調換。

HTML 和 CSS 代碼如下：

```
<div class="cs-direction">
    <input class=»cs-input»><label class=»cs-label»> 用戶名：</label>
</div>
/* 水準文檔流順序改為從右往左 */
.cs-direction {
    direction: rtl;
}
/* 水準文檔流順序還原 */
.cs-direction .cs-label,
.cs-direction .cs-input {
```

```
    direction: ltr;
}
.cs-label {
    display: inline-block;
}
:focus ~ .cs-label {
    color: darkblue;
    text-shadow: 0 0 1px;
}
```

這一方法可以徹底改變任意個數內嵌元素的水準呈現位置，相容性非常好，也容易理解。唯一不足就是它針對的必須是內嵌元素，好在本案例的文字和輸入框就是內嵌元素，比較適合。

大致總結一下這 4 種方法，Flex 方法適合多元素、區塊級元素，有一定的相容性問題；direction 方法也適合多元素、內嵌元素，沒有相容性問題，由於區塊級元素也可以設置為內嵌元素，因此，direction 方法理論上也是一個終極解決方法；float 方法和 absolute 方法雖然比較適合小白開發，也沒有相容性問題，但是不太適合多個元素，比較適合兩個元素的場景。大家可以根據自己專案的實際場景選擇合適的方法。

當然，不止上面 4 種方法，我們一個 margin 定位也能實現類似的效果，這裡就不一一展開了。

線上觀看範例：

https://demo.cssworld.cn/selector/4/4-2.php

## 4-5　快速瞭解列選擇器雙管道（||）

列選擇器是規範中剛出現不久的新組合選擇器，目前瀏覽器的相容性還不足以讓它在實際項目中得到應用，因此我僅簡單介紹一下，讓大家知道它大致是幹什麼用的。

　　Table 佈局和 Grid 佈局中都有列的概念，有時候我們希望控制整列的樣式，有兩種方法：一種是借助 :nth-col() 或者 :nth-last-col() 虛擬類別，不過目前瀏覽器尚未支持這兩個虛擬類別；還有一種是借助原生 Table 佈局中的 <colgroup> 和 <col> 元素實現，這個方法的相容性非常好。

　　我們通過一個簡單的例子快速瞭解一下這兩個元素。例如，表格的 HTML 代碼如下：

```
<table border="1" width="600">
   <colgroup>
      <col>
      <col span=»2» class=»ancestor»>
      <col span=»2» class=»brother»>
   </colgroup>
   <tr>
      <td> </td>
      <th scope=»col»> 後代選擇器 </th>
      <th scope=»col»> 子選擇器 </th>
      <th scope=»col»> 相鄰兄弟選擇器 </th>
      <th scope=»col»> 一般兄弟選擇器 </th>
   </tr>
   <tr>
      <th scope=»row»> 示例 </th>
      <td>.foo .bar {}</td>
      <td>.foo > .bar {}</td>
      <td>.foo + .bar {}</td>
      <td>.foo ~ .bar {}</td>
   </tr>
</table>
```

　　可以看出表格共有 5 列。其中，<colgroup> 元素中有 3 個 <col> 元素，從 span 屬性值可以看出，這 3 個 <col> 元素分別佔據 1 列、2 列和 2 列。此時，我們給後面 2 個 <col> 元素設置背景色，就可以看到背景色作用在整列上了。CSS 如下：

```
.ancestor {
   background-color: dodgerblue;
}
```

```
.brother {
    background-color: skyblue;
}
```

最終效果如圖 4-13 所示。

| | 後代選擇器 | 子選擇器 | 相鄰兄弟選擇器 | 隨後兄弟選擇器 |
|---|---|---|---|---|
| 釋例 | .foo .bar {} | .foo > .bar {} | .foo + .bar {} | .foo ~ .bar {} |

▲ 圖 4-13　表格中的整列樣式控制

但是有時候我們的儲存格並不正好屬於某一列，而是跨列，此時，<col> 元素會忽略這些跨列元素。舉個例子：

```
<table border="1" width="200">
    <colgroup>
        <col span=»2»>
        <col class=»selected»>
    </colgroup>
    <tbody>
        <tr>
            <td>A</td>
            <td>B</td>
            <td>C</td>
        </tr>
        <tr>
            <td colspan=»2»>D</td>
            <td>E</td>
        </tr>
        <tr>
            <td>F</td>
            <td colspan=»2»>G</td>
        </tr>
    </tbody>
</table>
col.selected {
    background-color: skyblue;
}
```

此時僅 C 和 E 兩個儲存格有天藍色的背景色，G 儲存格雖然也覆蓋了第三列，但由於它同時也屬於第二列，因此被無視了，效果如圖 4-14 所示。

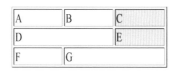

▲ 圖 4-14　G 儲存格沒有背景色

這就有問題了。很多時候，我們就是要 G 儲存格也有背景色，只要包含該列，都認為是目標物件。為了應對這種需求，列選擇器因應而生。

列選擇器寫作雙管道（||），是兩個字元，和 JavaScript 語言中的邏輯或的寫法一致，但是，在 CSS 中卻不是「或」的意思，用「屬於」來解釋要更恰當。

通過如下 CSS 選擇器，可以讓 G 儲存格也有背景色：

```
col.selected || td {
    background-color: skyblue;
}
```

col.selected || td 的含義就是，選擇所有屬於 col.selected 的 <td> 元素，哪怕這個 <td> 元素橫跨多個列。

於是，就可以看到圖 4-15 所示的效果。

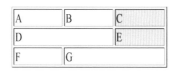

▲ 圖 4-15　G 儲存格有背景色

# Note

# Chapter 05 | 元素選擇器

元素選擇器主要包括兩類，一類是標籤選擇器，一類是萬用字元選擇器。本章主要介紹你可能不知道，關於這兩類選擇器的一些知識。

## 5-1 元素選擇器的串接語法

不同類型的 CSS 選擇器的串接使用是非常常見的，例如：

```
svg.icon { vertical-align: -.25em; }
```

可能大家不知道的是，元素選擇器的串接語法和其他選擇器的串接語法有兩個明顯的不同之處。

(1)　元素選擇器是唯一不能重複自身的選擇器。

(2)　串接使用的時候元素選擇器必須寫在最前面。

### 1・不能重複自身

類選擇器、ID 選擇器和屬性值匹配選擇器都可以重複自身，例如：

```
.foo.foo {}
#foo#foo {}
[foo][foo] {}
```

但是元素選擇器卻不能重複自身：

```
foo*foo {}     /* 無效 */
```

有人可能見過這樣的用法，因此誤認為標籤可以重複：

```
svg|a {}
```

實際上，上面的 svg 是命名空間，並不是 HTML 標籤，並且要提前聲明才有效。

因此，元素選擇器無法像其他選擇器那樣通過重複自身提高優先順序，不過好在由於其自身的一些特性，還有其他辦法可以提高優先順序。

(1) 由於所有標準的 HTML 頁面都有 <html> 和 <body> 元素，因此可以借助這些標籤提高優先順序：

```
body foo {}
```

(2) 借助 :not() 虛擬類別，括弧裡面是任意其他不一樣的標籤名稱即可：

```
foo:not(not-foo) {}
foo:not(a) {}
foo:not(_) {}
```

上面兩種提高優先順序的方法均沒有與其他選擇器發生交集，是非常安全的方法，不會因為其他選擇器發生變化而失效。

## 2·必須寫在最前

請問下面這個選擇器是否合法：

```
[type="radio"]input {}
```

答案是不合法：

```
[type="radio"]input {}    /* 無效 */
```

只能這麼寫：

```
input[type="radio"] {}
```

通用選擇器也是一樣：

```
[type="radio"]* {}    /* 無效 */
```

只能（* 也可以省略）：

```
*[type="radio"] {}
```

可見標籤選擇器只能寫在前面，這個特性和其他選擇器明顯不同，例如類選擇器放在屬性值匹配選擇器後面是完全合法的：

```
[type="radio"].input {}
```

並且推薦把類選擇器放在屬性值匹配選擇器的後面，因為 CSS 選擇器解析是從右往左進行的，類名放在後面性能會更好。

類選擇器甚至可以放在虛擬類別的後面：

```
:hover.foo {}
```

## 5-2 標籤選擇器二三事

標籤選擇器又叫型態選擇器，它是一個相對比較簡單的選擇器，沒什麼好說的，這裡講幾個大家可能不知道的小知識。

之前有提到過的標籤選擇器是不區分大小寫的，例如：

```
IMG { object-fit: cover; }
```

不過知道這一點也沒什麼實際用處，比較雞肋，我們還是使用主流的小寫標籤名。

之前也提到過比較正式的項目要少用標籤選擇器，因為它的性能不佳，維護成本也高。但是，如果是對於固定組合的標籤元素，那麼使用它無妨，因為不會出現標籤調整，例如，原生表格：

```
.cs-table td,
.cs-table th {}
```

最後再說說標籤選擇器和屬性選擇器、自訂元素之間的事情。

## 5-2-1　標籤選擇器混合其他選擇器的優化

很多開發者在使用屬性選擇器的時候習慣把標籤選擇器也帶上，例如：

```
input[type="radio"] {}
a[href^="http"] {}
img[alt] {}
```

實際上，這裡的標籤選擇器是可以省略的，而且推薦省略。因此，很多原生屬性是某些標籤元素特有的。例如，'radio' 類型的單選框一定是 input 標籤，因此，直接將它寫成下面這樣就可以了：

```
[type="radio"] {}
```

這樣，選擇器的優先順序和類選擇器保持一致，可維護性得到提高，同時性能也有提升。

類似的還有：

```
div#cs-some-id {}
```

由於 ID 是唯一的，因此沒有任何理由在這裡使用 div 標籤選擇器。

## 5-2-2　標籤選擇器與自訂元素

對於現代瀏覽器，我們可以直接使用自訂元素的標籤控制自訂元素的樣式，例如：

```
<x-element>自訂元素</x-elememt>
x-element {
    color: red;
}
```

這樣文字會呈現為紅色。

不過默認僅 IE9 及以上版本的瀏覽器才支援自訂元素標籤選擇器，如果需要相容 IE8，需要在 <head> 創建如下所示的一段 JavaScript 代碼：

```
<script>document.createElement('x-element');</script>
```

## 5-3　特殊的標籤選擇器：通用選擇器

通用選擇器是一個特殊的標籤選擇器，它可以指代所有類型的標籤元素，包括自訂元素，以及 <script>、<style>、<title> 等元素，但是不包括虛擬元素。

它的用法是使用字元星號（*，即 U+002A），例如：

```
* { box-sizing: border-box; }
```

但上面的用法並不足以覆蓋所有的元素，因為有些元素是無特徵的，如 ::before 和 ::after 構成的虛擬元素，因此，很多人重置所有元素盒模型的時候會這樣設置：

```
*, *::before, *::after { box-sizing: border-box; }
```

他們都沒意識到後面兩個星號是可以省略的，可以直接用：

```
*, ::before, ::after { box-sizing: border-box; }
```

當通用選擇器和其他選擇器串接使用的時候，星號都是可以省略的。例如，下面這些選擇器都是一樣的：

- *[hreflang|=en] 等同於 [hreflang|=en]
- *.warning 等同於 .warning
- *#myid 等同於 #myid

只有當單獨使用通用選擇器的時候，我們才需要把 * 字元呈現出來，例如，若要選擇所有 <body> 元素的子元素，可以：

```
body > * {}
```

由於通用選擇器（*）匹配所有元素，因此它是比較消耗性能的一種 CSS 選擇器，同時由於其影響甚廣，容易出現一些意料之外的樣式問題，因此請謹慎使用。

# Note

# Chapter
# 06 | 屬性選擇器

我們平常提到的屬性選擇器指的是 [type="radio"] 這類選擇器，實際上，這是一種簡稱，指的是「屬性值匹配選擇器」。實際上，在正式文檔中，類選擇器和 ID 選擇器都屬於屬性選擇器，因為本質上類選擇器是 HTML 元素中 class 的屬性值，ID 選擇器是 HTML 元素中 id 的屬性值。

屬性值匹配選擇器是一個被大家低估的選擇器，它是本章討論的重點。

## 6-1 ID 選擇器和類選擇器

ID 選擇器和類選擇器都屬於屬性選擇器，它們的身份看起來高貴而特殊，畢竟 HTML 原生屬性那麼多，就 id 和 class 兩個屬性有專門的選擇器。實際上，正是因為它們足夠普通才有此待遇，幾乎所有的 HTML 元素都支援這兩個屬性。name、type 這些屬性也很常見，但它們主要出現在控制項元素上，如果所有元素都支援 name 屬性，相信它也會有專屬於自己的屬性選擇器的。

ID 選擇器和類選擇器雖然性質一致，都屬於屬性選擇器，但是它們的實際表現卻有明顯差異。

### 1・語法不同

ID 選擇器前面的字元是井號 #（U+0023），而類選擇器前面的字元是點號 .（U+002E）：

```
/* ID 選擇器 */
#foo {}
/* 類選擇器 */
.foo {}
```

## 2 · 優先順序不同

ID 選擇器的優先順序比類選擇器的優先順序高一個等級，由於實際開發中往往以類選擇器為主，因此不到萬不得已的時候不要使用 ID 選擇器，以免帶來較高的維護成本。

## 3 · 唯一性與可重複性

ID 具有唯一性，而類天生就可以重複使用。於是，經常可以看到如下用法：

```
<button class="cs-button cs-button-primary">主按鈕</button>
.cs-button {}
.cs-button-primary {}
```

但是 ID 選擇器不能這麼用：

```
<button id="cs-button cs-button-primary">主按鈕</button>
#cs-button {}                   /* 無效 */
#cs-button-primary {}           /* 無效 */
```

ID 選擇器必須是完整的 id 屬性值，下面這樣是可以的：

```
#cs-button\20 cs-button-primary {}
```

或者下面這樣轉義（後面的空格可以去除）：

```
#cs-button\0020cs-button-primary {}
```

或者使用屬性值匹配選擇器：

```
[id~="cs-button"] {}
[id~="cs-button-primary"] {}
```

不同元素的類名是可以重複的，且類選擇器可以控制所有元素，例如：

```
<button class="cs-button">按鈕 1</button>
<button class="cs-button">按鈕 2</button>
```

此時，.cs-button 選擇器設置的樣式可以同時控制按鈕 1 和按鈕 2。

```
.cs-button {}
```

無論是使用 JavaScript 的選擇器 API 獲取元素，還是使用 CSS 的 ID 選擇器設置樣式，對於 ID，其在語義上是不能重複的，但實際開發的時候，語義重複也是可以的，這並不影響功能。

```
<button id="cs-button"> 按鈕 1</button>
<button id="cs-button"> 按鈕 2</button>
// 長度結果是 2
document.querySelectorAll('#cs-button').length;
/* 可以同時設置 " 按鈕 1" 和 " 按鈕 2" 的樣式 */
#cs-button {}
```

但並不推薦這麼做，因為要保證 ID 唯一。

## 6-2 屬性值直接匹配選擇器

屬性值直接匹配選擇器包括下面 4 種：

```
[attr]
[attr="val"]
[attr~="val"]
[attr|="val"]
```

這 4 類選擇器的相容性不錯，IE8 及以上版本的瀏覽器完美支持，IE7 瀏覽器也支援，不過不完美，在極個別場景中有瑕疵。

其中，前兩類選擇器大家用得相對多一些，而後面兩類選擇器很多人估計見都沒見過，根本不知道它們是做什麼用的，也不知道它們的應用價值大不大。別急，這就帶大家瞭解一下這幾類選擇器。

## 6-2-1　詳細瞭解 4 種選擇器

### 1．[attr]

　　[attr] 表示只要包含指定的屬性就匹配，尤其適用於一些 HTML 布林值屬性，這些布林值屬性只要有屬性值，無論值的內容是什麼，都認為這些屬性的值是 true。例如，下面所有的輸入框的寫法都是禁用的：

```
<input disabled>
<input disabled="">
<input disabled="disabled">
<input disabled="true">
<input disabled="false">
```

　　此時，如果想用屬性選擇器判斷輸入框是否禁用，直接用下面的選擇器就可以了，無須關心具體的屬性值究竟是什麼：

```
[disabled] {}
```

　　說到 disabled，就不得不提另外一個常見的布林值屬性 checked，兩者看上去近似，實際上卻有不小差異！

　　首先，IE7 瀏覽器能夠正常識別 [disabled] 屬性選擇器，但是卻無法識別 [checked]，這是因為由於某些未知的原因，IE7 瀏覽器使用 [defaultChecked] 代替了 [checked]，因此判斷元素是否為選中狀態需要像下面這樣寫：

```
/* IE7 瀏覽器 */
[defaultChecked] {}
/* 其他瀏覽器 */
[checked] {}
```

　　然後，就算瀏覽器支持 [checked] 選擇器，也不建議在實際項目中使用，因為在瀏覽器下有一個很奇特的行為表現，那就是表單控制項元素在 checked 狀態變化的時候並不會同步修改 checked 屬性的值，而 disabled 狀態就不會這樣。例如，已知 HTML 如下：

```
<input id="checkbox" type="checkbox" checked disabled>
```

此時，使用 JavaScript 代碼修改核取方塊的狀態：

```
checkbox.checked = false;
checkbox.disabled = false;
```

瀏覽器中的 HTML 會變成這樣：

```
<input id="checkbox" type="checkbox" checked>
```

disabled 消失了，但是 checked 屬性卻還在，也就是明明核取方塊已經取消了選擇，但是 [checked] 依然在生效，這會導致嚴重的樣式顯示錯誤，因此實際開發不能使用 [checked] 進行狀態控制，也正是由於這個原因，才有了 :checked 這些虛擬類別。如果非要使用（如相容 IE8），記得在每次選中狀態變化的時候使用 JavaScript 更新 checked 屬性。

不僅原生屬性支援屬性選擇器，自訂屬性也是支援的，例如：

```
<a href class data-title=" 提示 " role="button"> 刪除 </a>
[data-title] {}
```

## 2 · [attr="val"]

[attr="val"] 是屬性值完全匹配選擇器，例如，匹配單核取方塊：

```
[type="radio"] {}
[type="checkbox"] {}
```

或者 <ol>、<menu> 元素的 type 匹配：

```
/* 小寫字母序號 */
ol[type="a"] {}
/* 小寫羅馬序號 */
ol[type="i"] {}
menu[type="context"] {}
menu[type="toolbar"] {}
```

或者自訂屬性值的完整匹配：

```
[data-type="1"] {}
```

### 其他注意事項

(1) 不區分單引號和雙引號，單引號和雙引號都是合法的：

```
[type="radio"] {}
[type='radio'] {}
```

(2) 引號是可以省略的。例如：

```
[type=radio] {}
[type=checkbox] {}
```

如果屬性值包含空格，則需要跳脫，例如：

```
<button class="cs-button cs-button-primary"> 主按鈕 </button>
[class=cs-button\0020cs-button-primary] {}
```

或者還是老老實實使用引號：

```
[class="cs-button cs-button-primary"] {}
```

(3) [type=email] 等選擇器有使用風險，此風險只會出現在 IE10 及其以上版本瀏覽器的相容模式下。例如，我們在頁面上寫下如下 HTML：

```
<input type="email">
```

如果此時相容模式的版本是 IE9 或者更低版本，則瀏覽器會自動將 HTML 中的 type 屬性值改變為 text：

```
<input type="text">
```

這會導致 [type=email] 這個選擇器失效，從而產生樣式問題。類似的 type 屬性值還包括 url、number、tel 和 range。

此風險只會出現在需要相容 IE 瀏覽器的專案中，而且只在相容模式下，在原生瀏覽器下則不會有問題，不過怕是過不了測試工程師那一關，因此，如果可以，還是使用類選擇器控制這些輸入框的樣式。

但是如果是使用完全自訂的非標準 HTML5 屬性值，則沒有任何風險，例如自訂一個郵遞區號類型的輸入框：

```
<input type="zipcode">
/* 完全正常 */
[type=zipcode] {}
```

IE7 瀏覽器不能識別下面這個選擇器：

```
[type=checkbox] {}           /* IE7 不識別 */
```

但是 IE7 瀏覽器能正常識別串接標籤選擇器或者類選擇器：

```
input[type=checkbox] {}     /* IE7 識別 */
```

奇怪的是，其他屬性並沒有這個問題：

```
[id="foo"] {}     /* IE7 識別 */
```

另外，IE7 瀏覽器居然區分屬性的大小寫。

IE8 瀏覽器已經全部修復了以上問題，因此可以放心使用，畢竟現在 IE7 瀏覽器的市場份額已經很低了。

(4) 有如下 HTML：

```
<input value="20">
```

此時，下面的選擇器是可以匹配的，IE8 及以上版本的瀏覽器都沒問題：

```
[value="20"] {}
```

此時，如果我們改變輸入框的值為 10，無論是手動輸入還是使用 JavaScript 更改，屬性選擇器都依然按照 [value="20"] 渲染：

```
input.value = 20;
```

除非，我們使用 setAttribute 方法改變屬性值：

```
input.setAttribute('value', 10);
```

此時，屬性選擇器會按照 [value="10"] 渲染。

## 3 · [attr~="val"]

[attr~="val"] 是屬性值單詞完全匹配選擇器，專門用來匹配屬性中的單詞，其中，～＝用來連接屬性和屬性值。

有些屬性值（如 class 屬性、rel 屬性或者一些自訂屬性）包含多個關鍵字，這時可以使用空格分隔這些關鍵字，例如：

```
<a href rel="nofollow noopener"> 連結 </a>
```

此時就可以借助該選擇器實現匹配，例如：

```
[rel~="noopener"] {}
[rel~="nofollow"] {}
```

匹配的屬性值不能是空字串，例如，下面這種選擇器用法一定不會匹配任何元素，因為它的屬性值是空字串：

```
/* 無任何匹配 */
[rel~=""] {}
```

如果匹配的屬性值只是部分字串，那麼也是無效的。例如，假設有選擇器 [attr~="val"]，則下面兩段 HTML 都不匹配：

```
<!-- 不匹配 -->
<div attr="value"></div>
<!-- 不匹配 -->
<div attr="val-ue"></div>
```

但是，如果字串前後有空格或者連續多個空格分隔，則可以匹配：

```
<!-- 匹配 -->
<div attr=" val "></div>
```

```
<!-- 匹配 -->
<div attr="val     ue"></div>
```

另外，屬性值單詞完全匹配選擇器對非 ASCII 範圍的字元（如中文）也是有效的。例如，有 CSS 選擇器：

```
[attr~=帥] {}
```

下面的 HTML 是可以匹配的：

```
<!-- 可以匹配 -->
<div attr=" 我 帥 "> 我帥 </div>
```

**適用場景及優勢**

屬性值單詞完全匹配選擇器非常適合包含多種組合屬性值的場景，例如，某元素共有 9 種定位控制：

```
<div data-align="left top"></div>
<div data-align="top"></div>
<div data-align="right top"></div>
<div data-align="right"></div>
<div data-align="right bottom"></div>
<div data-align="bottom"></div>
<div data-align="left bottom"></div>
<div data-align="left"></div>
<div data-align="center"></div>
```

此時，最佳實踐就是使用屬性值單詞完全匹配選擇器：

```
[data-align] { left: 50%; top: 50%; }
[data-align~="top"] { top: 0; }
[data-align~="right"] { right: 0; }
[data-align~="bottom"] { bottom: 0; }
[data-align~="left"] { left: 0; }
```

這樣的 CSS 代碼足夠精簡且互不干擾，有專屬命名空間，代碼可讀性強，且選擇器的優先順序和類名一致，很好管理。

傳統實現多使用類選擇器,雖然技術上沒問題,但是往往元素本身就有類名,再加上這裡細化的多個類名,代碼就顯得比較囉唆和混亂:

```
<!-- 類名囉唆 -->
<div class="cs-align cs-align-left cs-align-top"></div>
<div class="cs-align cs-align-top"></div>
<div class="cs-align cs-align-right cs-align-top"></div>
...
```

顯然,對於這種非語義化的同時包含多個屬性值的場景,最好使用專門的自訂屬性管理,而不是混合在類名中,這樣代碼的品質更高,開發者閱讀起來更加舒服,也更利於維護和管理。

## 4 · [attr|="val"]

[attr|="val"] 是屬性值起始片段完全匹配選擇器,表示具有 attr 屬性的元素,其值要麼正好是 val,要麼以 val 外加短橫線 -(U+002D)開頭,|= 用於連接需要匹配的屬性和屬性內容。

```
<!-- 匹配 -->
<div attr="val"></div>
<!-- 匹配 -->
<div attr="val-ue"></div>
<!-- 匹配 -->
<div attr="val-ue bar"></div>
<!-- 不匹配 -->
<div attr="value"></div>
<!-- 不匹配 -->
<div attr="val bar"></div>
<!-- 不匹配 -->
<div attr="bar val-ue"></div>
```

可以看到,這個選擇器必須嚴格遵循開頭匹配的規則。

另外,這個選擇器設計的初衷是子語言匹配,用在 <a> 元素的 hreflang 屬性或者任意元素的 lang 屬性中。

例如，同樣是中文，它們也會有簡體中文和繁體中文的差異，最新的標記如下：

- 簡體中文有 zh-cmn-Hans；

- 繁體中文有 zh-cmn-Hant；

- 英文則有 en-US、en-Latn-US、en-GB 等。

於是，就可以借助該選擇器來匹配中文類或英文類語言，這在多語言功能實現時比較有用：

```
/* 匹配中文類語言 */
[lang|="zh"] {}
/* 匹配英文類語言 */
[lang|="en"] {}
```

由於大多數的 Web 開發都用不到多語言，因此該選擇器平時很少用到；再加上 :lang 虛擬類別的存在，進一步減少了 lang 屬性匹配語言的出場機會，更多的是匹配 hreflang 屬性中的語言設置。

其實，只要 HTML 的屬性值是以短橫線連接的，都可以使用該屬性選擇器，例如：

```
<!-- 舊語法 -->
<input type="datetime">
<!-- 新語法，推薦 -->
<input type="datetime-local">
[type|="datetime"] {}      /* 新舊語法全相容 */
```

甚至類名屬性值也可以用來進行匹配：

```
<button class="cs-button-primary"> 主按鈕 </button>
<button class="cs-button-success"> 成功按鈕 </button>
<button class="cs-button-warning"> 警示按鈕 </button>
[class|=cs-button] {}      /* 按鈕公用樣式 */
.cs-button-primary {}
.cs-button-success {}
.cs-button-warning {}
```

舉按鈕的例子旨在拋磚引玉，並不是讓大家就這麼使用，對於按鈕這類公用元件，還是建議使用穩健的實現方法。

## 6-2-2　AMCSS 開發模式簡介

AMCSS 是 Attribute Modules for CSS 的縮寫，表示借助 HTML 屬性來進行 CSS 相關開發。

目前主流的開發模式是多個模組由多個類名控制，例如：

```
<button class="cs-button cs-button-large cs-button-blue"> 按鈕 </button>
```

而 AMCSS 則是基於屬性控制的，例如：

```
<button button="large blue"> 按鈕 </button>
```

為了避免屬性名稱衝突，可以給屬性添加一個統一的首碼，如 am-，於是有：

```
<button am-button="large blue"> 按鈕 </button>
```

然後借助 [attr~="val"] 這個屬性值單詞匹配選擇器進行匹配。

因此，主流類選擇器

```
.button {}
.button-large {}
.button-blue {}
```

可以轉換成

```
[am-button] {}
[am-button~="large"] {}
[am-button~="blue"] {}
```

這種開發模式的優點是：每個屬性有效地聲明了一個單獨的命名空間，用於封裝樣式資訊，從而產生更易於閱讀和維護的 HTML 和 CSS。

但是，AMCSS 開發模式也並不是完美的，完全捨棄類選擇器是不現實的。我一貫的技術理念是「海納百川，有容乃大」，因此，我還是建議大家，和類選擇器的命名一樣，採用一種混合的使用模式。也就是說，當我們的佈局或樣式需要有一個專門的命名空間的時候，就採用 AMCSS 這種開發模式。例如，上一節中 [data-align] 9 種定位的實現就非常適合 AMCSS 這種開發模式，不過改成 [am-align] 會更好些。而對於普通的定位與佈局，還是採用類選擇器最為合適。

## 6-3 屬性值正則匹配選擇器

屬性值正則匹配選擇器包括下面 3 種：

```
[attr^="val"]
[attr$="val"]
[attr*="val"]
```

這 3 種屬性選擇器就完全是字元匹配了，而非單詞匹配。其中，尖角符號 ^、美元符號 $ 以及星號 * 都是規則運算式中的特殊識別字，分別表示前匹配、後匹配和任意匹配。

這幾個選擇器的相容性不錯，IE 7 及以上版本的瀏覽器均支持。

下面就詳細介紹一下這 3 種選擇器。

### 6-3-1 詳細瞭解 3 種選擇器

1 · [attr^="val"]

[attr^="val"] 表示匹配 attr 屬性值以字元 val 開頭的元素。例如：

```
<!-- 匹配 -->
<div attr="val"></div>
<!-- 不匹配 -->
<div attr="text val"></div>
<!-- 匹配 -->
<div attr="value"></div>
<!-- 匹配 -->
<div attr="val-ue"></div>
```

## 一些細節

這種選擇器可以匹配中文，如果匹配的中文沒有包含特殊字元，如空格等，則中文外面的引號是可以省略的，例如：

```
[title^=我] {}
```

下面的 HTML 是可以匹配的：

```
<!-- 可以匹配 -->
<div title=" 我 帥 ">我帥 </div>
```

理論上可以匹配空格，但由於 IE 瀏覽器會自動移除屬性值首尾的空格，因此會有相容性問題，例如，下面的樣式可以對 HTML 格式進行驗證：

```
/* 高亮類屬性值包含多餘空格的元素 */
[class^=" "] {
    outline: 1px solid red;
}
```

下面的 HTML 在 Firefox 瀏覽器和 Chrome 瀏覽器下是匹配的，在 IE 瀏覽器下不匹配：

```
<!-- IE 不匹配，其他瀏覽器匹配 -->
<div class=" active ">測試 </div>
```

空字串一定無效。

```
/* 無效 */
[value^=""] {}
```

實際開發中，開頭正則匹配屬性選擇器用得比較多的地方是判斷 <a> 元素的連結網址類別型，也可以用來顯示對應的小圖示，例如：

```
/* 連結位址 */
[href^="http"],
[href^="ftp"],
[href^="//"] {
```

```
    background: url(./icon-link.svg) no-repeat left;
}
/* 網頁內錨鏈 */
[href^="#"] {
    background: url(./icon-anchor.svg) no-repeat left;
}
/* 手機和郵箱 */
[href^="tel:"] {
    background: url(./icon-tel.svg) no-repeat left;
}
[href^="mailto:"] {
    background: url(./icon-email.svg) no-repeat left;
}
```

## 2‧[attr$="val"]

　　[attr$="val"] 表示匹配 attr 屬性值以字元 val 結尾的元素。例如：

```
<!-- 匹配 -->
<div attr="val"></div>
<!-- 匹配 -->
<div attr="text val"></div>
<!-- 不匹配 -->
<div attr="value"></div>
<!-- 不匹配 -->
<div attr="val-ue"></div>
```

　　該選擇器的細節和 [attr^="val"] 的一致，這裡不再贅述。

　　在實際開發中，結尾正則匹配屬性選擇器用得比較多的地方是判斷 <a> 元素的連結的檔案類型，然後是顯示對應的小圖示。例如：

```
/* 指向 PDF 文件 */
[href$=".pdf"] {
    background: url(./icon-pdf.svg) no-repeat left;
}
/* 下載 zip 壓縮檔 */
[href$=".zip"] {
    background: url(./icon-zip.svg) no-repeat left;
```

```
}
/* 圖片連結 */
[href$=".png"],
[href$=".gif"],
[href$=".jpg"],
[href$=".jpeg"],
[href$=".webp"] {
    background: url(./icon-image.svg) no-repeat left;
}
```

## 3‧[attr*="val"]

[attr*="val"] 表示匹配 attr 屬性值包含字元 val 的元素。例如：

```
<!-- 匹配 -->
<div attr="val"></div>
<!-- 匹配 -->
<div attr="text val"></div>
<!-- 匹配 -->
<div attr="value"></div>
<!-- 匹配 -->
<div attr="val-ue"></div>
```

它也可以用來匹配連結元素是否是外網位址，例如：

```
a[href*="//""]:not([href*="example.com"]) {}
```

此外，它還可以用來匹配 style 屬性值，這在實際開發中用得非常多。例如，
我們想知道一個參與 JavaScript 交互的元素是否隱藏，可以這麼處理：

```
/* 該元素隱藏 */
[style*="display: none"] {}
```

### 關於 style 屬性值匹配的細節

當使用 JavaScript 給 DOM 元素設置樣式的時候，例如：

```
dom.style.display = 'none';
```

　　無論是什麼瀏覽器，樣式屬性和之間都會有美化的空格，也就是說，HTML 會是下面這樣：

```
<div style="display: none;"></div>
```

　　因此，需要使用下面的寫法進行匹配：

```
[style*="display: none"] {}
```

　　其他 CSS 聲明的匹配也是類似的。

　　但是，如果是手寫的 style 值，而且沒有寫空格，就像下面這樣：

```
<div style="display:none;"></div>
```

　　在 Chrome 和 Firefox 瀏覽器下，需要嚴格按照手寫字元匹配：

```
[style*="display:none"] {}
```

　　但是 IE 瀏覽器會自動格式化 HTML 屬性值，所以我們還是使用帶空格的方式匹配。如果專案需要相容 IE 瀏覽器，則兩種匹配都需要：

```
[style*="display:none"],
[style*="display: none"] {}
```

　　IE7 瀏覽器雖然支援屬性選擇器，但是不支援 [style] 屬性的匹配。

　　如果是無法識別的樣式，例如：

```
<button style="-webkit-any: none;"> 按鈕 </button>
[style*="-webkit-any: none"] {}
```

　　IE8 及以上版本的瀏覽器都是能準確識別的。但是，如果是可以識別的樣式，例如：

```
<button style="display: none;"> 按鈕 </button>
[style*="display: none"] {}
```

IE8 瀏覽器反而無法識別了，因為 IE8 格式化 style 屬性值的時候，把 CSS 屬性名轉換成大寫了，屬性值匹配選擇器預設是嚴格區分大小寫的，於是造成匹配障礙，所以，我們需要這麼處理才能相容 IE8：

```
[style*="display: none"],
/* for IE8 */
[style*="DISPLAY: none"] {}
```

因此，如果你的網站專案還需要相容 IE8 瀏覽器，則需要使用下面這種組合確保萬無一失：

```
[style*="display:none"],
[style*="display: none"],
[style*="DISPLAY: none"] {}
```

但是，如果在實際開發的時候，style 的設置是可控的，例如，若你只會設置 display 的狀態，則也可以直接使用下面的匹配：

```
/* 認為元素隱藏 */
[style*="none"] {}
```

但是，如果你的頁面需要在 iOS 系統的微信用戶端下訪問，則不能這麼使用，因為 iOS 系統的微信用戶端會私自增加 -webkit-touch-callout:none 這樣的樣式，從而導致異常的匹配。

## 6-3-2 CSS 屬性選擇器搜索過濾技術

我們可以借助屬性選擇器來輔助我們實現搜索過濾效果，如通訊錄、城市清單，這樣做性能高，代碼少。

HTML 結構如下：

```
<input type="search" placeholder=" 輸入城市名稱或拼音 " />
<ul>
    <li data-search=» 重慶市 chongqing">重慶市 </li>
    <li data-search=» 哈爾濱市 haerbin">哈爾濱市 </li>
```

```
<li data-search=» 長春市 changchun"> 長春市 </li>
...
</ul>
```

此時，當我們在輸入框中輸入內容的時候，只要根據輸入內容動態創建一段 CSS 代碼就可以實現搜索匹配效果了，無須自己寫代碼進行匹配驗證。

```
var eleStyle = document.createElement('style');
document.head.appendChild(eleStyle);
// 文字方塊輸入
input.addEventListener("input", function() {
    var value = this.value.trim();
    eleStyle.innerHTML = value ? ‹[data-search]:not([data-search*=» › value +»»])
    { display: none; }› : ‹›;
});
```

最終效果如圖 6-1 所示。

▲ 圖 6-1　屬性選擇器與搜索過濾

線上觀看範例：

https://demo.cssworld.cn/selector/6/3-1.php

## 6-4 忽略屬性值大小寫的正則匹配運算子

正則匹配運算子是屬性選擇器新增的運算子，它可以忽略屬性值大小寫，使用字元 i 或者 I 作為運算子值，但約定俗成都使用小寫字母 i 作為運算子。語法如下：

```
[attr~="val" i] {}
[attr*="val" i] {}
```

作用對比示意，假設有選擇器 [attr*="val"]，則：

```
<!-- 不匹配 -->
<div attr="VAL"></div>
<!-- 匹配 -->
<div attr="Text val"></div>
<!-- 不匹配 -->
<div attr="Value"></div>
<!-- 不匹配 -->
<div attr="Val-ue"></div>
```

如果選擇器是 [attr*="val" i]，則：

```
<!-- 匹配 -->
<div attr="VAL"></div>
<!-- 匹配 -->
<div attr="Text val"></div>
<!-- 匹配 -->
<div attr="Value"></div>
<!-- 匹配 -->
<div attr="Val-ue"></div>
```

　　可以看到，屬性值的大小寫被完全無視了。

　　屬性值大小寫不敏感運算子 i 目前在移動端可以放心使用，尤其在搜尋匹配用戶暱稱或者帳戶名的時候非常有用，因為使用者暱稱大小寫字母混雜的場景非常常見。因此，上面一節最後介紹的利用屬性選擇器實現搜尋功能的技術可以把運算子 i 也包含進去，也就是：

```
[data-search]:not([data-search*="value" i]) {
  display: none;
}
```

# Note

# Chapter
# 07 用戶行為虛擬類別

我將從本章開始介紹 CSS 虛擬類別，CSS 虛擬類別是 CSS 選擇器最有趣的部分，本書中應該會有不少你不知道的高級技巧和應用知識。

用戶行為虛擬類別是指與用戶行為相關的一些虛擬類別，例如，經過 :hover、按下 :active 以及聚焦 :focus 等。

## 7-1 滑鼠經過虛擬類別 :hover

:hover 是各大瀏覽器最早支持的虛擬類別之一，最早只能用在 `<a>` 元素上，目前可以用在所有 HTML 元素上，包括自訂元素。

```
x-element:hover {}
```

:hover 不適用於移動端，雖然也能觸發，但消失並不敏捷，體驗反而奇怪。

:hover 在桌面端網頁很常用，例如滑鼠經過時改變連結的顏色，或者改變按鈕的背景色等。除了這個基本用法，我們還可以利用 :hover 虛擬類別實現 Tips 提示或者下拉清單效果，其中有不少知識大家可能不知道，值得説一説。

### 7-1-1 體驗優化與 :hover 延時

用 :hover 實現一些浮層類效果並不難，但是很多人在實現的時候沒有注意到可以通過增加 :hover 延遲效果來增強交互體驗。

CSS :hover 觸發是即時的，於是，當使用者在頁面上不經意劃過的時候，會出現浮層覆蓋目標元素的情況，如圖 7-1 所示，本想 hover 上面的刪除按鈕，結果滑鼠滑過下一個刪除圖示的時候把上面的按鈕給覆蓋了。

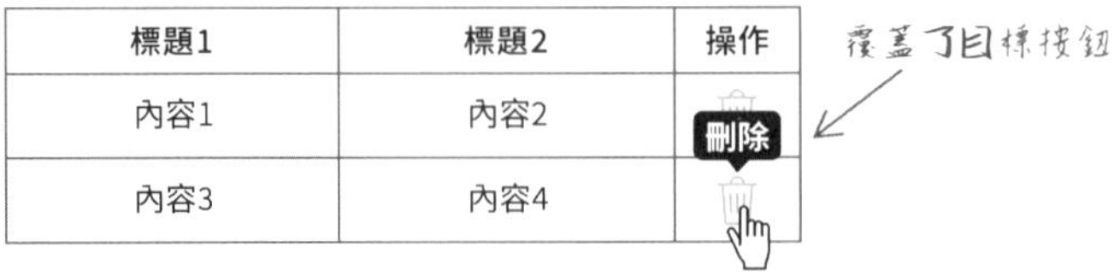

▲ 圖 7-1　hover 浮層覆蓋目標元素的體驗問題

可以通過增加延時來優化這種體驗，方法就是使用 visibility 屬性實現元素的顯隱，然後借助 CSS transition 設置延遲顯示即可。

例如：

```
.icon-delete::before,
.icon-delete::after {
   transition: visibility 0s .2s;
   visibility: hidden;
}
.icon-delete:hover::before,
.icon-delete:hover::after {
   visibility: visible;
}
```

此時，當我們滑鼠 hover 按鈕的時候，浮層不會立即顯示，也就不會發生誤觸碰導致浮層覆蓋的體驗問題了。讀者可以手動輸入 https://demo.cssworld.cn/selector/7/1-1.php 查看優化後的效果。

## 7-1-2　非子元素的 :hover 顯示

當借助 :hover 虛擬類別實現下拉清單效果的時候，相信很多人都是通過父子選擇器控制的。例如：

```
.datalist {
   display: none;
}
.datalist-x:hover .datalist {
   display: block;
}
```

　　然而實際開發的時候，有時候並不方便嵌套標籤，此時，我們也可以借助相鄰兄弟選擇器實現類似的效果，很多人不知道這點。舉個簡單的例子，實現一個滑鼠經過連結來預覽圖片的交互效果。

```
<a href> 圖片連結 </a>
<img src="1.jpg">
```

　　我們的目標是滑鼠經過連結的時候圖片一直保持顯示，CSS 代碼其實很簡單：

```
img {
    display: none;
    position: absolute;
}
a:hover + img,
img:hover {
    /* 滑鼠經過連結或滑鼠經過圖片，圖片自身都保持顯示 */
    display: inline;
}
```

　　上述內容一目了然，就不多解釋了，主流瀏覽器全相容這個虛擬類別，可以放心使用。最終效果示意如圖 7-2 所示。

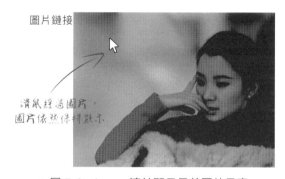

▲ 圖 7-2　hover 連結顯示兄弟圖片元素

　　讀者可以手動輸入 https://demo.cssworld.cn/selector/7/1-2.php 親自體驗與學習。

　　然而，上面的實現有一個缺陷，那就是如果浮層圖片和觸發 hover 的連結元素中間有間隙，則滑鼠還沒有移動到圖片上，圖片就隱藏起來，導致圖片無法持續顯示。這個問題也是有辦法解決的，那就是借助 CSS transition 增加延時。

由於 transition 屬性對 display 無過渡效果，而對 visibility 有過渡效果，因此，圖片預設隱藏需要改成 visibility:hidden，CSS 代碼如下：

```
img {
    /* 拉開間隙，測試用 */
    margin-left: 20px;
    /* 使用 visibility 隱藏 */
    position: absolute;
    visibility: hidden;
    /* 設置延時 */
    transition: visibility .2s;
}
a:hover + img,
img:hover {
    visibility: visible;
}
```

最終效果如圖 7-3 所示。

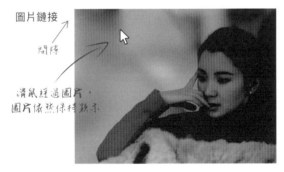

▲ 圖 7-3　hover 連結顯示有間隙的兄弟圖片元素

讀者可以手動輸入 https://demo.cssworld.cn/selector/7/1-3.php 親自體驗與學習。

## 7-1-3　純 :hover 顯示浮層的體驗問題

純 :hover 顯示浮層的體驗問題是很多開發人員都沒意識到的。例如，某開發使用 :hover 虛擬類別實現一個下拉式功能表功能，純 CSS 實現，他覺得自己的技術很厲害，並洋洋得意，殊不知已經埋下了巨大的隱患。

:hover 交互在有滑鼠的時候確實很方便，但是如果使用者的滑鼠壞了，或者設備本身沒有滑鼠（如觸控設備、智慧電視），則純 :hover 實現的下拉清單功能就完全癱瘓了，根本無法使用，這是絕對會讓用戶抓狂且非常糟糕的體驗。

對於帶交互的行為，一定不能只使用 :hover 虛擬類別，還需要其他的處理。

對於 7.1.1 中的刪除按鈕的 Tips 提示，我們可以通過增加 :focus 虛擬類別來優化體驗，如下：

```css
.icon-delete::before,
.icon-delete::after {
  transition: visibility 0s .2s;
  visibility: hidden;
}
.icon-delete:hover::before,
.icon-delete:hover::after {
  visibility: visible;
}
/* 提高用戶體驗 */
.icon-delete:focus::before,
.icon-delete:focus::after {
  visibility: visible;
  transition: none;
}
```

此時，使用鍵盤上的 Tab 鍵聚焦我們的刪除按鈕，可以看到提示資訊依然出現了，如圖 7-4 所示，如果不加 :focus 虛擬類別，則使用者無法感知提示資訊。

▲ 圖 7-4　focus 按鈕顯示提示資訊

讀者可以手動輸入 https://demo.cssworld.cn/selector/7/1-4.php 親自體驗與學習。

但是，對於本身就帶有連結或按鈕的浮層元素，使用 :focus 虛擬類別是不行的。因為雖然可以觸發浮層的顯示，但是浮層內部的連結和按鈕卻無法被點擊，因為通過鍵盤切換焦點元素的時候，浮層會因為失焦而迅速隱藏。不過是有其他解決方法的，那就是使用整體焦點虛擬類別 :focus-within，詳見 7.4 節。

目前 IE 瀏覽器並不支持 :focus-within，那對於需要相容 IE 瀏覽器的專案又該怎麼處理呢？我的建議是忽略。因為使用 IE 瀏覽器且又無法使用滑鼠操作的場景非常少見，因此，我們只使用 :focus-within 來增強鍵盤訪問體驗即可。

當然，如果你的產品使用者經驗足夠，想要精益求精，在 IE 瀏覽器下使用鍵盤訪問也能完美無誤，則可以使用下面這個即將過時的交互準則：所有滑鼠經過按鈕，然後顯示下拉清單的交互，都要同時保證點擊行為也能控制下拉清單的顯示和隱藏。也就是說，僅使用 CSS 代碼實現滑鼠經過顯示下拉清單的效果是不夠的，還需要使用 JavaScript 代碼額外實現一個點擊交互。

## 7-2　啟動狀態虛擬類別 :active

本節將介紹 :active 虛擬類別相關的基礎知識、實踐技巧和高級應用。

### 7-2-1　:active 虛擬類別概述

:active 虛擬類別可以用於設置元素啟動狀態的樣式，可以通過點擊滑鼠主鍵，也可以通過手指或者觸控筆點擊觸控式螢幕觸發啟動狀態。具體表現如下，點擊按下觸發 :active 虛擬類別樣式，點擊抬起取消 :active 虛擬類別樣式的應用。:active 虛擬類別支援任意的 HTML 元素，例如 <div>、<span> 等非控制項元素，甚至是自訂元素：

```
p:active {
    background-color: skyblue;
}
x-element:active {
    background-color: teal;
}
```

然而，落地到實踐，:active 虛擬類別並沒有理論上那麼完美，包括以下幾點。

(1)  IE 瀏覽器下 :active 樣式的應用是無法冒泡的，例如：

```
img:active {
    outline: 30px solid #ccc;
}
p:active {
    background-color: teal;
}
<p><img src="1.jpg"></p>
```

此時，點擊 <img> 元素的時候，在 IE 瀏覽器下，<p> 元素是不會觸發 :active 虛擬類別樣式的，實際上父項目的 :active 樣式也應當被應用。在 Chrome 以及 Firefox 等瀏覽器下，其表現符合預期。

(2)  在 IE 瀏覽器下，<html>、<body> 元素應用 :active 虛擬類別設置背景色後，背景色是無法還原的。具體來說就是，滑鼠按下確實應用了 :active 設置的背景色，但是滑鼠抬起後背景色卻沒有還原，而且此時無論怎麼點擊滑鼠，背景色都無法還原。這是一個很奇怪的 bug，普通元素不會有此問題，這個問題甚至比，在 IE7 瀏覽器下連結元素必須失焦才能取消 :active 樣式還要糟糕。

```
/* IE 瀏覽器下以下 :active 背景色樣式一旦應用就無法還原 */
body:active { background-color: gray; }
html:active { background-color: gray }
:root:active { background-color: gray; }
```

但是其他一些 CSS 屬性卻是正常的，例如：

```
/* IE 瀏覽器下以下 :active 樣式正常 */
body:active { color: red; }
html:active { color: red; }
:root:active { color: red; }
```

(3)  移動端 Safari 瀏覽器下，:active 虛擬類別預設是無效的，需要設置任意的 touch 事件才支持。我們可以加這麼一行 JavaScript 代碼：

```
document.body.addEventListener('ontouchstart', function() {});
```

　　然而，雖然此時 :active 虛擬類別可以生效了，但是 :active 樣式應用的時機還是有問題，因此，如果你對細節的要求比較高，建議在 Safari 瀏覽器下還是使用原生的 -webkit-tap- highlight-color 來實現 touch 突顯回應方式更好：

```
body {
    -webkit-tap-highlight-color: rgba(0,0,0,.05);
}
```

　　另外，鍵盤訪問無法觸發 :active 虛擬類別。例如，<a> 元素在 focus 狀態下按下 Enter 鍵的事件行為與點擊一致，但是不會觸發 :active 虛擬類別。

　　最後，:active 虛擬類別的主要作用是回饋點擊交互，讓用戶知道他的點擊行為已經成功觸發，這對於按鈕和連結元素是必不可少的，否則會有體驗問題。由於 :active 虛擬類別作用在按下的那一段時間，因此不適合用來實現複雜交互。

## 7-2-2　按鈕的通用 :active 樣式技巧

　　本技巧更適用的場景是移動端開發，因為桌面端可以通過 :hover 回饋狀態變化，而移動端只能通過 :active 回饋。要知道一個移動端專案會有非常多需要點擊回饋的連結和按鈕，如果對每一個元素都去設置 :active 樣式，成本還是頗高的。這裡介紹幾個通用處理技巧，希望可以節約大家的開發時間。

　　一種是使用 box-shadow 內陰影，例如：

```
[href]:active,
button:active {
    box-shadow: inset 0 0 0 999px rgba(0,0,0,.05);
}
```

　　這種方法的優點是它可以相容到 IE9 瀏覽器，缺點是對非對稱閉合元素無能為力，例如 <input> 按鈕：

```
<!-- 內陰影無效 -->
<input type="reset" value=" 重置 ">
<input type="button" value=" 按鈕 ">
<input type="submit" value=" 提交 ">
```

另外一種方法是使用 linear-gradient 線性漸變，例如：

```
[href]:active,
button:active,
[type=reset]:active,
[type=button]:active,
[type=submit]:active {
    background-image: linear-gradient(rgba(0,0,0,.05), rgba(0,0,0,.05));
}
```

這種方法的優點是它對 <input> 按鈕這類非對稱閉合元素也有效，缺點是 CSS 漸變是從 IE10 瀏覽器才開始支持的，如果你的專案還需要相容 IE9 瀏覽器，就會有一定的限制。

最後再介紹一種在特殊場景下使用的方法。有時候，我們的連結元素包裹的是一張圖片，如下：

```
<a href><img src="1.jpg"></a>
```

如果 <a> 四周沒有 padding 留白，則此時上面兩種通用技巧都沒有效果，因為 :active 樣式被圖片擋住了。

不少人會想到使用 ::before 虛擬元素在圖片上覆蓋一層半透明顏色模擬 :active 效果，但這種方法對父元素有依賴，無法作為通用樣式使用，此時，可以試試 outline，如下：

```
[href] > img:only-child:active {
    outline: 999px solid rgba(0,0,0,.05);
    outline-offset: -999px;
    -webkit-clip-path: polygon(0 0, 100% 0, 100% 100%, 0 100%);
    clip-path: polygon(0 0, 100% 0, 100% 100%, 0 100%);
}
```

這種方法的優點是 CSS 的衝突概率極低，對非對稱閉合元素也有效。缺點是不適合需要相容 IE 瀏覽器的產品，因為雖然 IE8 瀏覽器就已經支援 outline 屬性，但是 outline-offset 從 Edge 15 才開始被支持。還有另外一個缺點就是，outline 類比的回饋浮層並不是位於元素的底層，而是位於元素的上方，且可以被絕對定位子元素穿透，因此不適合用在包含複雜 DOM 資訊的元素中，但是特別適用於類似圖片這樣的單一元素。

總結一下就是，outline 實現 :active 回饋適合移動端，適合圖片元素。

在實際開發中，大家可以根據自己的需求組合使用上面的幾個技巧，以保證所有的控制項元素都有點擊回饋。例如：

```
body {
    -webkit-tap-highlight-color: rgba(0,0,0,0);
}
[href]:active,
button:active,
[type=reset]:active,
[type=button]:active,
[type=submit]:active {
    background-image: linear-gradient(rgba(0,0,0,.05), rgba(0,0,0,.05));
}
[href] img:active {
    outline: 999px solid rgba(0,0,0,.05);
    outline-offset: -999px;
    -webkit-clip-path: polygon(0 0, 100% 0, 100% 100%, 0 100%);
    clip-path: polygon(0 0, 100% 0, 100% 100%, 0 100%);
}
```

## 7-2-3　:active 虛擬類別與 CSS 資料上報

如果想要知道兩個按鈕的點擊率，CSS 開發者可以自己動手，無須勞煩 JavaScript 開發者去埋點：

```
.button-1:active::after {
    content: url(./pixel.gif?action=click&id=button1);
    display: none;
}
.button-2:active::after {
    content: url(./pixel.gif?action=click&id=button2);
    display: none;
}
```

此時，當點擊按鈕的時候，相關行為資料就會上報給伺服器，這種上報，就算把 JavaScript 禁用掉也無法阻止，方便快捷，特別適合 A/B 測試。

## 7-3 焦點虛擬類別 :focus

:focus 是一個從 IE8 瀏覽器開始支持的虛擬類別，它可以匹配當前處於聚焦狀態的元素。例如，高亮顯示處於聚焦狀態的 <textarea> 輸入框的邊框：

```
textarea {
    border: 1px solid #ccc;
}
textarea:focus {
    border-color: HighLight;
}
```

這樣的方式相信大家都用過，不過，接下來要深入介紹的知識很多人可能就不知道了。

### 7-3-1　:focus 虛擬類別匹配機制

與 :active 虛擬類別不同，:focus 虛擬類別預設只能匹配特定的元素，包括：

- 非 disabled 狀態的表單元素，如 <input> 輸入框、<select> 下拉清單、<button> 按鈕等。
- 包含 href 屬性的 <a> 元素。
- <area> 元素，不過可以生效的 CSS 屬性有限。
- HTML5 中的 <summary> 元素。

其他 HTML 元素應用 :focus 虛擬類別是無效的。例如：

```
body:focus {
    background-color: skyblue;
}
```

　　此時點擊頁面，<body> 元素不會有任何背景色的變化（IE 的表現有問題，請忽略），雖然此時的 document.activeElement 就是 <body> 元素。

　　如何讓普通元素也能回應 :focus 虛擬類別呢？

　　設置了 HTML contenteditable 屬性的普通元素可以應用 :focus 虛擬類別。例如：

```
<div contenteditable="true"></div>
<div contenteditable="plaintext-only"></div>
```

　　因為此時 <div> 元素是一個類似 <textarea> 元素的輸入框。

　　設置了 HTML tabindex 屬性的普通元素也可以應用 :focus 虛擬類別。例如，下面 3 種寫法都是可以的：

```
<div tabindex="-1"> 內容 </div>
<div tabindex="0"> 內容 </div>
<div tabindex="1"> 內容 </div>
```

　　如果期望 <div> 元素可以被 Tab 鍵索引，且被點擊的時候可以觸發 :focus 虛擬類別樣式，則使用 tabindex="0"；如果不期望 <div> 元素可以被 Tab 鍵索引，且只在它被點擊的時候觸發 :focus 虛擬類別樣式，則使用 tabindex="-1"。對於普通元素，沒有使用自然數作為 tabindex 屬性值的場景。

　　既然普通元素也可以回應 :focus 虛擬類別，是不是就可以利用這種特性實現任意元素的點擊下拉效果呢？

　　如果純展示下拉內容，無交互效果是可以的。例如，實現一個點擊 QRCode 圖示顯示完整 QRCode 圖片的交互效果：

```
<img src="icon-qrcode.svg" tabindex="0">
<img class="img-qrcode" src="qrcode.png">

.img-qrcode {
    position: absolute;
    display: none;
}
```

```
:focus + .img-qrcode {
    display: inline;
}
```

線上觀看範例：

https://demo.cssworld.cn/selector/7/3-1.php

可以看到，點擊小圖示，會顯示 QRCode 的圖片，點擊空白處，圖片又會隱藏，這正是我們需要的效果。

但實際上，使用 :focus 控制元素的顯隱並不完美，在 iOS Safari 瀏覽器下，元素一旦處於 focus 狀態，除非點擊其他可聚焦元素來轉移 focus 焦點，否則這個元素會一直保持 focus 狀態。各個桌面瀏覽器、Android 瀏覽器均無此問題。不過這個問題也好解決，只需要給祖先容器元素設置 tabindex="-1"，同時取消該元素的 outline 樣式即可，代碼示意如下：

```
<body>
    <div class=»container» tabindex=»-1»></div>
</body>
.container {
    outline: 0 none;
}
```

這樣，點擊 QRCode 圖示以外的元素就會把焦點轉移到 .container 元素上，iOS Safari 瀏覽器的交互就正常了。如果在使用 JavaScript 進行開發的時候遇到 iOS Safari 瀏覽器不觸發 blur 事件的問題，也可以用這種方法解決。需要注意的是，tabindex="-1" 設置在 <body> 元素上是無效的。

但這個方法只適用於純展示的下拉效果，如果下拉浮層內部有其他交互效果，則此方法就有問題，要嘛失焦，要嘛焦點轉移，都會導致下拉浮層的消失。遇到這種場景，可以使用下一節要介紹的整體焦點虛擬類別 :focus-within。

最後一點，一個頁面永遠最多有一個焦點元素，這也就意味著一個頁面最多只會有一個元素響應 :focus 虛擬類別樣式。

## 7-3-2 :focus 虛擬類別與 outline

本節將深入介紹 :focus 虛擬類別與 outline 輪廓之間的關係。

### 1．一個常見的糟糕的業餘做法

很多開發人員不知道從哪裡複製貼上的 CSS reset 代碼，居然有下面這樣糟糕的樣式代碼：

```
* { outline: 0 none; }
```

或者

```
a { outline: 0 none; }
```

在我看來，真的是一點常識都沒有。

在很多年前的 IE 瀏覽器時代，點擊任意的連結或者按鈕都會出現一個虛框輪廓，影響美觀，於是就有人想到設置 outline 為 none 來進行重置，這也算可以理解。但是現在都什麼年代了，瀏覽器早就優化了這種體驗，滑鼠點選連結是不會有虛框輪廓或者外發光輪廓的，因此完全沒有任何理由重置 outline 屬性，這反而帶來了嚴重的體驗問題，那就是完全無法使用鍵盤進行無障礙訪問。

使用鍵盤訪問網頁其實是很常見的，例如，滑鼠沒電或者滑鼠壞了，使用智慧電視的遙控器訪問頁面，使用鍵盤進行快捷操作。使用鍵盤訪問網站的主要操作就是使用 Tab 鍵或者方向鍵遍歷連結和按鈕元素，使它們處於 focus 狀態，此時瀏覽器會通過虛框或者外發光的形式進行區分和提示，這樣用戶就知道目前訪問的是哪一個元素，按下確認鍵就可以達到自己想要的目標。但是，如果設置 outline:none，取消了元素的輪廓，使用者就根本無法知道現在到底哪個元素處於 focus 狀態，網站完全沒法使用，這是極其糟糕的用戶體驗。

如果你對瀏覽器默認的輪廓效果不滿意，想要重置它也是可以，但是一定不要忘記設置新的 :focus 樣式效果。

例如，如果希望聚焦表單輸入框的時候呈現的不是黑邊框或是外發光效果，而是邊框高亮顯示，則可以：

```
textarea:focus {
    outline: 0 none;
    border-color: HighLight;
}
```

事情還沒有結束，Chrome 瀏覽器下，當設置了背景的 <button> 元素、<summary> 元素以及設置了 tabindex 屬性的普通元素被點擊的時候，也會顯示瀏覽器預設的外放光輪廓，從體驗角度講，點擊行為不應該出現外放光輪廓，外放光輪廓應該只在鍵盤 focus 的時候才觸發，Firefox 瀏覽器和 IE 瀏覽器在這一點上做得不錯。

問題來了，如果設置 outline 為 none，則使用鍵盤訪問就有問題；如果不設置，則點擊訪問體驗不佳。矛盾由此產生，對於占比最高的 Chrome 瀏覽器，我們如何兼顧點擊的樣式體驗和鍵盤的可訪問性呢？

最好的方法就是使用 7.5 節中介紹的 :focus-visible 虛擬類別，它是專門為這種場景設計的。

### 2‧模擬瀏覽器原生的 focus 輪廓

在實際開發過程中難免會遇到需要類比瀏覽器原生聚焦輪廓的場景，Chrome 瀏覽器下是外發光，IE 和 Firefox 瀏覽器下則是虛點，理論上講，使用如下 CSS 代碼是最準確的：

```
:focus {
    outline: 1px dotted;
    outline: 5px auto -webkit-focus-ring-color;
}
```

對於一些小圖示，可能會設置 color:transparent，還有一些按鈕的文字顏色是淡色，這會導致 IE 和 Firefox 瀏覽器下虛框輪廓不可見，因此，在實際開發的時候，我會指定虛線顏色：

```
:focus {
    outline: 1px dotted HighLight;
    outline: 5px auto -webkit-focus-ring-color;
}
```

### 7-3-3　CSS :focus 虛擬類別與鍵盤無障礙訪問

:focus 虛擬類別與鍵盤無障礙訪問密切相關，因此，實際上需要使用 :focus 虛擬類別的場景比想像的還要多，以前你的很多實現其實是有問題的。

#### 1．為什麼不建議使用 span 或 div 按鈕

<span> 或者 <div> 元素也能類比按鈕的 UI 效果，但並不建議使用。一來原生的 <button> 元素可以觸發表單提交行為，使表單可以原生支援 Enter 鍵；二來原生的 <button> 天然可以被鍵盤 focus，保證我們的頁面可以純鍵盤無障礙訪問。

但是 <span> 或者 <div> 按鈕是沒有上面這些行為，如果要支持這些比較好的原生特性，要嘛需要額外的 JavaScript 代碼，要嘛需要額外的 HTML 屬性設置。例如，tabindex="0" 支援 Tab 鍵索引，role="button" 支援螢幕閱讀器識別等。

總之，使用 <span> 或者 <div> 類比按鈕的 UI 效果是一件高成本低收益的事情，不到萬不得已，沒有必要使用到 <span> 或者 <div> 類比按鈕！如果你是嫌棄按鈕本身的相容性不夠好，可以使用 <label> 元素類比，使用 for 屬性進行關聯。例如：

```
<input id="submit" type="submit">
<label class="button" for="submit"> 提交 </label>
[type="submit"] {
    position: absolute;
    clip: rect(0 0 0 0);
}
.button {
    /* 按鈕樣式 ... */
}
/* focus 輪廓轉移 */
:focus + .button {
    outline: 1px dotted HighLight;
    outline: 5px auto -webkit-focus-ring-color;
}
```

使用 <label> 元素類比按鈕的效果既保留了語義和原生行為，視覺上又完美相容。

## 2・類比表單元素的鍵盤可訪問性

[type="radio"]、[type="checkbox"]、[type="range"] 類型的 <input> 元素的 UI 往往不符合網站的設計風格,需要自訂,常規實現一般都沒問題,關鍵是很多開發者會忘了鍵盤的無障礙訪問。

以 [type="checkbox"] 核取方塊為例:

```
<input id="checkbox" type="checkbox">
<label class="checkbox" for="checkbox"> 提交 </label>
```

我們需要隱藏原生的 [type="checkbox"] 多選框,使用關聯的 <label> 元素自訂的核取方塊樣式。

關鍵 CSS 如下:

```
[type="checkbox"] {
   position: absolute;
   clip: rect(0 0 0 0);
}
.checkbox {
   border: 1px solid gray;
}
/* focus 時記得高亮顯示自訂輸入框 */
:focus + .checkbox {
   border-color: skyblue;
}
```

這類自訂實現有兩個關鍵點。

(1) 原始核取方塊元素的隱藏,要麼設置透明度 opacity:0 隱藏,要嘛剪裁隱藏,千萬不要使用 visibility:hidden 或者 display:none 進行隱藏,雖然 IE9 及以上版本的瀏覽器的功能是正常的,但是這兩種隱藏是無法被鍵盤聚焦的,鍵盤的可訪問性為 0。

(2) 不要忘記在原始核取方塊聚焦的時候高亮顯示自訂的輸入框元素,可以是邊框高亮,或者外發光也行。通常都是使用相鄰兄弟選擇器(＋)實現,特殊情況也可以使用一般兄弟選擇器(～),如高亮多個元素時。

市面上有不少 UI 框架，如何區分品質？很簡單，使用 Tab 鍵索引頁面元素，如果輸入框有高亮，則這個 UI 框架比較專業，如果什麼反應都沒有，建議換另一種框架。

### 3 · 容易忽略的滑鼠經過行為的鍵盤可訪問性

鍵盤可訪問性在 7.1.3 節介紹 :hover 虛擬類別的時候提過，需要同時設置 :focus 虛擬類別來提高鍵盤的可訪問性，如圖 7-5 所示。

▲ 圖 7-5　設置 :focus 虛擬類別增強鍵盤的可訪問性

這裡再介紹另外一種非常容易被忽略的影響用戶體驗的交互實現。

為了版面的整潔，清單中的操作按鈕預設會隱藏，當滑鼠經過清單的時候才顯示，如圖 7-6 所示。

| 欄目1 | 欄目2 | |
|-------|-------|--------|
| 欄目1 | 欄目2 | 刪除 |
| 欄目1 | 欄目2 | |

▲ 圖 7-6　滑鼠經過顯示清單按鈕

很多人在實現的時候並沒有考慮很多，直接使用 display:none 隱藏或者 visibility: hidden 隱藏，結果導致無法通過鍵盤讓隱藏的控制項元素顯示，因為這兩種隱藏方式會讓元素無法被聚焦，那該怎麼辦呢？可以試試使用 opacity（透明度）控制內容的顯隱，這樣就可以通過 :focus 虛擬類別讓按鈕在被鍵盤聚焦的時候可見。例如：

```
tr .button {
    opacity: 0;
}
tr:hover .button,
```

```
tr .button:focus {
    opacity: 1;
}
```

效果如圖 7-7 所示。

| 欄目1 | 欄目2 | |
|------|------|------|
| 欄目1 | 欄目2 | 刪除 |
| 欄目1 | 欄目2 | |

▲ 圖 7-7　focus 時也能顯示清單按鈕

讀者可以手動輸入 https://demo.cssworld.cn/selector/7/3-2.php 親自體驗和學習。

## 7-4　整體焦點虛擬類別 :focus-within

整體焦點虛擬類別 :focus-within 非常實用，且相容性不錯，目前已經可以在實際項目中使用，包括移動端項目和無須相容 IE 瀏覽器的桌面端專案。

### 7-4-1　:focus-within 和 :focus 虛擬類別的區別

CSS :focus-within 虛擬類別和 :focus 虛擬類別有很多相似之處，那就是虛擬類別樣式的匹配離不開元素聚焦行為的觸發。區別在於 :focus 虛擬類別樣式只有在當前元素處於聚焦狀態的時候才匹配，而 :focus-within 虛擬類別樣式在當前元素或者是當前元素的任意子元素處於聚焦狀態的時候都會匹配。

舉個例子：

```
form:focus {
  outline: solid;
}
```

123

表示僅當 <form> 處於聚焦狀態的時候，<form> 元素的 outline（輪廓）才會出現。

```
form:focus-within {
  outline: solid;
}
```

表示 <form> 元素自身，或者 <form> 內部的任意子元素處於聚焦狀態時，<form> 元素的 outline（輪廓）都會出現。換句話說，子元素聚焦，可以讓父級元素的樣式發生變化。

這是 CSS 選擇器世界中很了不起的革新，因為 :focus-within 虛擬類別的行為本質上是一種「父選擇器」行為，子元素的狀態會影響父元素的樣式。由於這種父選擇器行為需要借助使用者的行為觸發，屬於「後渲染」，不會與現有的渲染機制相互衝突，因此瀏覽器在規範出現後不久就快速支持了。

## 7-4-2　:focus-within 實現無障礙訪問的下拉清單

:focus-within 虛擬類別非常實用，一方面它可以用在表單控制項元素上（無論是樣式自訂還是交互佈局）。例如輸入框聚焦時高亮顯示前面的描述文字，我們可以不用把描述文字放在輸入框的後面（具體見 4.4.3 節中的示例），正常的 DOM 順序即可：

```
<div class="cs-normal">
   <label class=»cs-label»> 用戶名：</label><input class="cs-input">
</div>
.cs-normal:focus-within .cs-label {
   color: darkblue;
   text-shadow: 0 0 1px;
}
```

效果如圖 7-8 所示。

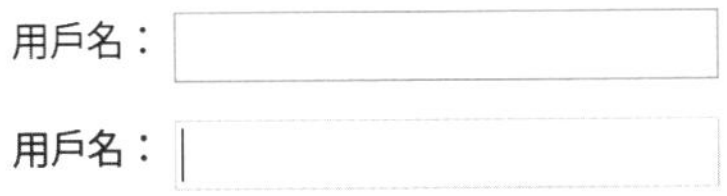

用戶名：

用戶名：

▲ 圖 7-8　輸入框聚焦，前面的文字被高亮顯示

線上觀看範例：

https://demo.cssworld.cn/selector/7/4-1.php

另一方面，它可以用於實現完全無障礙訪問的下拉清單，即使下拉清單中有其他連結或按鈕也能正常訪問。例如，要實現一個類似圖 7-9 所示的下拉效果。

▲ 圖 7-9　帶其他交互的下拉清單效果示意

HTML 結構如下：

```
<div class="cs-details">
    <a href=»javascript:» class=»cs-summary»> 我的消息 </a>
    <div class=»cs-datalist»>
        <a href> 我的回答 <sup>12</sup></a>
        <a href> 我的私信 </a>
        <a href> 未評價訂單 <sup>2</sup></a>
        <a href> 我的關注 </a>
    </div>
</div>
```

我們在父元素 .cs-details 上使用 :focus-within 虛擬類別來控制下拉清單的顯示和隱藏，如下：

```
.cs-datalist {
    display: none;
    position: absolute;
    border: 1px solid #ddd;
    background-color: #fff;
```

```
}
/* 下拉展開 */
.cs-details:focus-within .cs-datalist {
    display: block;
}
```

本例中共有 5 個 <a> 元素，其中一個用於觸發下拉顯示的 .cs-summary 元素，另外 4 個在下拉清單中。

無論點擊這 5 個 <a> 元素中的哪一個，都會觸發父元素 .cs-details 設置的 :focus-within 虛擬類別樣式，因此可以讓下拉清單一直保持顯示狀態；點擊頁面任意空白，下拉自動隱藏，效果非常完美。

線上觀看範例：

https://demo.cssworld.cn/selector/7/4-2.php

我可以這麼肯定，以後，對於這類下拉交互，採用 :focus-within 虛擬類別實現會是約定俗成的標準解決方案。

# 7-5 鍵盤焦點虛擬類別 :focus-visible

:focus-visible 虛擬類別是一個非常年輕的虛擬類別，在我寫本書的時候僅 Chrome 瀏覽器標準支援，但足矣。深入用戶體驗的開發者會覺得這個虛擬類別實在是太有用了。

## :focus-visible 把我感動哭了

:focus-visible 虛擬類別匹配的場景是：元素聚焦，同時瀏覽器認為聚焦輪廓應該顯示。

是不是很拗口？規範就是這麼定義的。:focus-visible 的規範並沒有強行約束匹配邏輯，而是交給了 UA（也就是瀏覽器）。我們將通過真實的案例來解釋下這個虛擬類別是做什麼用的。

在所有現代瀏覽器下，滑鼠點選連結元素 <a> 的時候是不會有焦點輪廓的，但是使用鍵盤訪問的時候會出現，這是非常符合預期的體驗。

但是在 Chrome 瀏覽器下，有一些特殊場景並不是這麼表現的：

- 設置了背景的 <button> 按鈕。
- HTML5 中的 <summary> 元素。
- 設置了 HTML tabindex 屬性的元素。

在 Chrome 瀏覽器下點擊滑鼠的時候，以上 3 個場景也會出現明顯的焦點輪廓，如圖 7-10 所示。

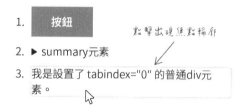

▲ 圖 7-10　滑鼠點擊設置了 **tabindex** 屬性的元素時出現焦點輪廓

這其實是我們並不希望看到的，在點擊滑鼠的時候輪廓不應該出現（沒有高亮的必要），但是在我們使用鍵盤訪問的時候需要出現（讓使用者知道當前聚焦元素），Firefox 瀏覽器以及 IE 瀏覽器的表現均符合我們的期望，點擊訪問時無輪廓，鍵盤訪問時才會出現，Safari 瀏覽器按鈕的表現符合期望。

但是，又不能簡簡單單地設置 outline:none 來處理，因為這樣會把使用鍵盤訪問時應當出現的焦點輪廓給隱藏掉，進而帶來嚴重的無障礙訪問問題。

為了兼顧視覺體驗和鍵盤無障礙訪問，我之前的做法是使用 JavaScript 進行判斷，如果元素的 :focus 觸發是鍵盤訪問觸發，就給元素添加自訂的 outline 輪廓，否則，去除 outline，這樣做成本頗高。

現在有了 :focus-visible 虛擬類別，所有問題迎刃而解，在目前版本的 Chrome 瀏覽器下，瀏覽器認為使用鍵盤訪問時觸發的元素聚焦才是 :focus-visible 所表示的聚焦。換句話説，:focus-visible 可以讓我們知道元素的聚焦行為到底是滑鼠觸發還是鍵盤觸發。因此，如果希望去除滑鼠點擊時候的 outline，而保留鍵盤訪問時候的 outline，只要一條短短的 CSS 規則就可以了：

```
:focus:not(:focus-visible) {
    outline: 0;
}
```

這樣，Chrome 瀏覽器下讓人頭疼的輪廓問題就得到了解決。

線上觀看範例：

https://demo.cssworld.cn/selector/7/5-1.php

此時，我們點擊設置了 tabindex 屬性的 &lt;div&gt; 元素將不會出現輪廓，如圖
7-11 所示。

1. 按鈕    *點擊沒有焦點輪廓*

2. ▶ summary元素

3. 我是設置了 tabindex="0" 的普通div元
   素。

▲ 圖 7-11　滑鼠點擊設置了 tabindex 屬性的元素將不會出現輪廓

但是，如果我們使用鍵盤訪問，例如按下 Tab 鍵進行索引，輪廓依然存在，
如圖 7-12 所示。

1. 按鈕    *鍵盤訪問依然有輪廓*

2. ▶ summary元素

3. 我是設置了 tabindex="0" 的普通div元
   素。

▲ 圖 7-12　使用鍵盤訪問設置了 tabindex 屬性的元素時依然出現了輪廓

完美，感動！

# URL 定位虛擬類別

本章主要介紹與瀏覽器位址欄中位址相關的一些虛擬類別，其中 CSS 選擇器規範中的 :local- link 虛擬類別（基於功能變數名稱匹配）目前沒有任何瀏覽器支援，也看不到日後會得到支持的跡象，因此本書不做介紹。

## 8-1 連結歷史虛擬類別 :link 和 :visited

本節將介紹兩個與連結位址訪問歷史有關的虛擬類別，其中的細節驚人得多。

### 8-1-1 深入理解 :link

:link 虛擬類別歷史悠久，但如今開發實際專案的時候，很少使用這個虛擬類別，為什麼呢？這裡帶大家深入 :link 虛擬類別的細節，你就知道原因了。

:link 虛擬類別用來匹配頁面上 href 連結沒有訪問過的 <a> 元素。

因此，我們可以用 :link 虛擬類別來定義連結的預設顏色為天藍色：

```css
a:link {
    color: skyblue;
}
```

乍看這個定義沒什麼問題，但實際上有紕漏，那就是如果連結已經被訪問過，那 <a> 元素的文字顏色又該是什麼呢？結果是系統預設的連結色。這也就意味著，使用 :link 虛擬類別必須指定已經訪問過的連結的顏色，通常使用 :visited 虛擬類別進行設置。例如：

```css
a:visited { color: lightskyblue; }
```

也可以直接使用 a 標籤選擇器，但不推薦這麼用，因為這一點也不符合語義：

```
a { color: lightskyblue; }
```

加上連結通常會設置 :hover 虛擬類別，使得滑鼠經過的時候變色，這就出現了優先順序的問題。大家都是虛擬類別，平起平坐，如果把表示預設狀態的虛擬類別放在最後，必然會導致其他狀態的樣式無法生效，因此，:link 虛擬類別一定要放在最前面。這裡不得不提一下著名的 "love-hate 順序 "，:link →:visited → :hover → :active，首字母連起來是 LVHA，取自 love-hate，愛恨情仇，很好記憶。

如果記不住也沒關係，還有其他方法可以不需要記憶這幾個虛擬類別的順序。HTML 中有 3 種連結元素，可以原生支援 href 屬性，分別是 <a>、<link> 和 <area>，但 :link 虛擬類別只能匹配 <a> 元素，因此，實際開發可以直接寫作：

```
:link { color: skyblue; }
```

這樣，就算 :link 虛擬類別放在最後面，也不用擔心優先順序的問題：

```
a:visited { color: lightskyblue; }
a:hover { color: deepskyblue; }
:link { color: skyblue; }
```

下面該説説 :link 虛擬類別落沒的原因了，追根究底就是競爭不過 a 標籤選擇器。例如：

```
a { color: skyblue; }
```

CSS 開發者一看，咦？和使用 :link 虛擬類別效果一樣啊，而且比 :link 虛擬類別更好用。

如果網站需要標記已訪問的連結，再設置一下 :visited 虛擬類別樣式即可，如下：

```
a { color: skyblue; }
a:visited { color: lightskyblue; }
```

如果網站不需要標記已訪問的連結，則不需要再寫任何多餘的代碼進行處理，這不僅節約了代碼，而且還更容錯，比 :link 虛擬類別好用多了。

於是，久而久之，大家也就約定成俗，使用優先順序極低的 a 標籤選擇器設置預設連結顏色，如果有其他狀態需要處理，再使用虛擬類別。

當然，凡事都有兩面性，:link 虛擬類別淪為雞肋後，大家已經不知道 :link 虛擬類別與 a 標籤選擇器相比還是有優勢的，那就是 :link 虛擬類別可以識別真連結。這是什麼意思呢？例如，一些 HTML：

```
<a href> 連結 </a>
<a name="example"> 非連結 </a>
```

其中 <a name="example"></a> 並不是一個連結元素，因為其中沒有 href 屬性，點擊將無反應，也無法回應鍵盤訪問。因此，這段 HTML 對應的文字顏色就不能是連結顏色，而應該是普通的文本顏色。此時 a 標籤選擇器的問題就出現了，它會讓不是連結的 <a> 元素也呈現為連結色，而 :link 虛擬類別就不會出現此問題，它只會匹配 <a href></a> 這段 HTML 元素。

從這一點來看，:link 虛擬類別更合適，也更規範。例如我很喜歡移除 href 屬性來表示 <a> 元素按鈕的禁用狀態，如果使用 :link 虛擬類別，那按鈕的禁用和非禁用的 CSS 就更好控制了。

但是，a:link 帶來的混亂要比收益高得多，而且也有更容易理解的替代方法來區分 <a> 元素的連結性質，那就是直接使用屬性選擇器代替 a 標籤選擇器：

```
[href] { color: skyblue; }
```

區分 <a> 元素按鈕是否禁用可以用下面的方法：

```
.cs-button:not([href]) { opacity: .6; }
```

對於 :link 虛擬類別，就讓它沉寂下去吧。

## 8-1-2　怪癖最多的 CSS 虛擬類別 :visited

　　CSS 虛擬類別 :visited 是怪癖最多的虛擬類別，這些怪癖設計的原因都是出於安全考慮。接下來我們將深入這些怪癖，好好瞭解一下 :visited 虛擬類別諸多有趣的特性。

### 1・支援的 CSS 屬性有限

　　:visited 虛擬類別別選取器支持的 CSS 很有限，目前僅支持下面這些 CSS：color，background-color，border-color，border-bottom-color，border-left-color，border-right-color，border-top-color，column-rule-color 和 outline-color。

　　類似 ::before 和 ::after 這些虛擬元素則不支援。例如，我們希望使用文字標示已經訪問過的連結，如下：

```
/* 注意，不支持 */
a:visited::after { content: 'visited'; }
```

　　很遺憾，想法雖好，但沒有任何瀏覽器會支持，請死了這條心吧！

　　不過好在 :visited 虛擬類別支持子選擇器，但它所能控制的 CSS 屬性和 :visited 一模一樣，即那幾個和顏色相關的 CSS 屬性，也不支援 ::before 和 ::after 這些虛擬元素。

　　例如：

```
a:visited span{color: lightskyblue;}
<a href=""> 文字 <span>visited</span></a>
```

　　如果連結是瀏覽器訪問過的，則 <span> 元素的文字顏色就會是淡天藍色，如圖 8-1 所示。

<p style="text-align:center">文字<span>visited</span></p>

▲ 圖 8-1　visited 文字變為淡天藍色

於是，我們就可以通過下面這種方法實現在訪問過的連結文字後面加上一個 visited 字樣。HTML 如下：

```
<a href=""> 文字 <small></small></a>
```

CSS 如下：

```
small { position: absolute; color: white; } /* 這裡設置 color: transparent 無效 */
small::after { content: 'visited'; }
a:visited small { color: lightskyblue; }
```

效果如圖 8-2 所示。

<u>文字</u>visited

▲ 圖 8-2　在文字後面顯示 visited 字樣

## 2．沒有半透明

使用 :visited 虛擬類別選擇器控制顏色時，雖然在語法上它支援半透明色，但是在表現上，則要麼純色，要麼全透明。

例如：

```
a { color: blue; }
a:visited { color: rgba(255,0,0,.3); }
```

結果不是半透明紅色，而是純紅色，完全不透明，如圖 8-3 所示。

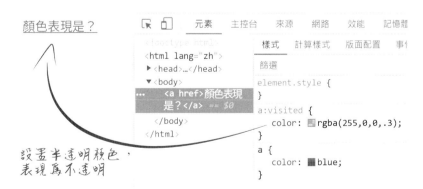

▲ 圖 8-3　完全不透明顏色示意

### 3．只能重置，不能憑空設置

請問：對於下面這段 CSS，訪問過的 <a> 元素有背景色嗎？

```
a { color: blue; }
a:visited { color: red; background-color: gray; }
```

HTML 為：

```
<a href>有背景色嗎？</a>
```

答案是不會有背景色，如圖 8-4 所示。

▲ 圖 8-4　沒有顯示背景色

因為 :visited 虛擬類別選擇器中的色值只能重置，不能憑空設置。我們將前面的 CSS 修改成下面的 CSS 就可以了：

```
a { color: blue; background-color: white; }
a:visited { color: red; background-color: gray; }
```

此時文字的背景色就很神奇地顯現出來了，如圖 8-5 所示。

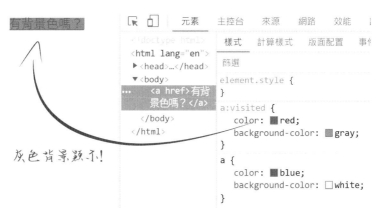

▲ 圖 8-5　灰色背景色顯現

　　也就是說，預設需要有一個背景色，這樣我們的連結元素在匹配 :visited 的時候才會有背景色呈現。

## 4 · 無法獲取 :visited 設置和呈現的色值

　　當文字顏色值表現為 :visited 選擇器設置的顏色值時，我們使用 JavaScript 的 getComputedStyle() 方法將無法獲取到這個顏色值。

　　已知 CSS 如下：

```
a { color: blue; }
a:visited { color: red; }
```

　　我們的連結表現為紅色，此時運行下面的 JavaScript 代碼：

```
window.getComputedStyle(document.links[0]).color;
```

　　結果輸出 rgb(0,0,255)，也就是藍色（blue）對應的 RGB 色值，如圖 8-6 所示。

▲ 圖 8-6　獲取的色值是藍色，而非呈現的紅色

## 8-2　超連結虛擬類別 :any-link

本節將介紹一個後起之秀—虛擬類別 :any-link。:any-link 虛擬類別與 :link 虛擬類別有很多相似之處，但比 :link 這種雞肋虛擬類別要實用得多，說它完全彌補了 :link 虛擬類別的缺點也不為過。

### :any-link 相比 :link 的優點是什麼

大家應該還記得，前面說過的 :link 虛擬類別的兩大缺點：一是能設置未訪問過的元素的樣式，對已經訪問過的元素完全無效，已經訪問過的元素還需要額外的 CSS 設置；二是只能作用於 <a> 元素，和標籤選擇器 a 看起來沒差別，完全競爭不過更簡單有效的標籤選擇器 a，因而淪為雞肋虛擬類別。

正是因為 :link 虛擬類別存在這些不足，所以 W3C 官方才推出了新的 :any-link 虛擬類別，:any- link 虛擬類別的實用性就完全發生了變化。

:any-link 虛擬類別有如下兩大特性。

- 匹配所有設置了 href 屬性的連結元素，包括 <a>、<link> 和 <area> 這 3 種元素。

- 匹配所有匹配 :link 虛擬類別或者 :visited 虛擬類別的元素。

我稱之為「真・連結虛擬類別」。

下面我們直接透過範例來瞭解一下 :any-link 虛擬類別。HTML 和 CSS 代碼如下：

```
<a href="//www.cssworld.cn?r=any-link"> 沒有訪問過的連結 </a><br>
<a href> 訪問過的連結 </a><br>
<a> 沒有設置 href 屬性的 a 元素 </a>
a:any-link { color: white; background-color: deepskyblue; }
```

結果如圖 8-7 所示。

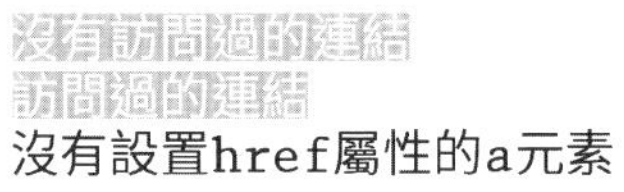

沒有訪問過的連結
訪問過的連結
沒有設置href屬性的a元素

▲ 圖 8-7　:any-link 虛擬類別匹配了訪問和沒有訪問過的連結

我們可以對比同樣的 HTML 代碼下 :link 虛擬類別的呈現效果：

```
a:link {
    color: white;
    background-color: deepskyblue;
}
```

結果如圖 8-8 所示 [1]。

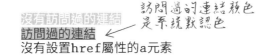

沒有設置href屬性的a元素

▲ 圖 8-8　:link 虛擬類別僅匹配了未訪問過的連結元素

對比圖 8-7 和圖 8-8，可以很容易看出 :any-link 虛擬類別的優點：與 a 標籤選擇器相比，:any-link 虛擬類別可以更加準確地識別連結元素；與 :link 虛擬類別相比，使用 :any-link 虛擬類別無須擔心 :visited 虛擬類別對樣式的干擾，它是真正意義上的連結虛擬類別。

實際開發專案時，因為我們很少使用 &lt;area&gt; 元素，&lt;link&gt; 元素預設 display:none，所以我們可以直接使用虛擬類別作為選擇器：

```
:any-link {
    color: skyblue;
}
:any-link:hover {
    color: deepskyblue;
}
```

---

1　由於 IE 瀏覽器不認為空的 href 屬性是當前頁面位址（認為是目前的目錄根位址），因此，上面第 2 個 &lt;a&gt; 元素的顏色不會變；如果不是空連結，而是其他訪問過的連結，則 IE 瀏覽器不顯示背景色，這有別於 Chrome/Firefox 等瀏覽器。

## 相容性

　　IE 瀏覽器並不支援 :any-link 虛擬類別，但其他瀏覽器的支持良好，因此，移動端或者其他不需要相容 IE 瀏覽器的項目都可以放心使用 :any-link 虛擬類別。

## 8-3　目標虛擬類別 :target

　　:target 是 IE9 及以上版本的瀏覽器全部支援，且已經支援了很多年的一個 CSS 虛擬類別，它是一個與 URL 位址中的錨點定位強關聯的虛擬類別，可以用來實現很多原本需要 JavaScript 才能實現的交互效果。

### 8-3-1　:target 與錨點

　　假設瀏覽器地址欄中的地址如下：

```
https://www.cssworld.cn/#cs-anchor
```

　　則 #cs-anchor 就是 " 錨點 "，術語名稱是 hashtag，即 JavaScript 中 location.hash 的返回值。

　　URL 錨點可以和頁面中 id 匹配的元素進行錨定，瀏覽器的默認行為是觸發滾動定位，同時進行 :target 虛擬類別匹配。

　　舉個例子，假設頁面有如下 HTML：

```
<ul>
    <li id=»cs-first»>第 1 行，id 是 cs-first</li>
    <li id=»cs-anchor»>第 2 行，id 是 cs-anchor</li>
    <li id=»cs-last»>第 3 行，id 是 cs-last</li>
</ul>
```

　　以及如下 CSS：

```
li:target {
    font-weight: bold;
    color: skyblue;
}
```

則呈現的效果如圖 8-9 所示，第二行列表的顏色為天藍色，同時文字加粗顯示。

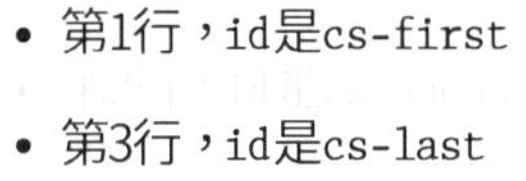

- 第1行，id是cs-first
- 第3行，id是cs-last

▲ 圖 8-9　:target 虛擬類別的基本效果

這就是 :target 虛擬類別的作用—匹配 URL 錨點對應的元素。

**一些細節**

部分瀏覽器（如 IE 瀏覽器和 Firefox 瀏覽器）下，<a> 元素的 name 屬性值等同於錨點值時，也會觸發瀏覽器的滾動定位。例如：

```
<a name="cs-anchor">a 元素，name 是 cs-anchor</a>
```

這種用法是否可以匹配 :target 虛擬類別呢？根據目前的測試，僅 Firefox 瀏覽器可以匹配，如果同時有其他 id 屬性值等同於錨點值的元素，例如：

```
<a name="cs-anchor">a 元素，name 是 cs-anchor</a>
<ul>
    <li id=»cs-first»> 第 1 行，id 是 cs-first</li>
    <li id=»cs-anchor»> 第 2 行，id 是 cs-anchor</li>
    <li id=»cs-last»> 第 3 行，id 是 cs-last</li>
</ul>
```

則瀏覽器會優先且唯一匹配 li#cs-anchor 元素，a[name="cs-anchor"] 元素被忽略。

總而言之，由於相容性等原因，不推薦使用 <a> 元素加 name 屬性值進行錨點匹配。

如果頁面有多個元素使用同一個 id，則 :target 只會匹配第一個元素。例如：

```
<ul>
    <li id=»cs-first»> 第 1 行，id 是 cs-first</li>
    <li id=»cs-anchor»> 第 2 行，id 是 cs-anchor</li>
    <li id=»cs-last»> 第 3 行，id 是 cs-last</li>
```

```
    <li id=»cs-anchor»> 第 4 行，id 同樣是 cs-anchor</li>
</ul>
```

則呈現效果如圖 8-10 所示，僅第 2 行清單文字加粗變色，第 4 行文字沒有任何變化。

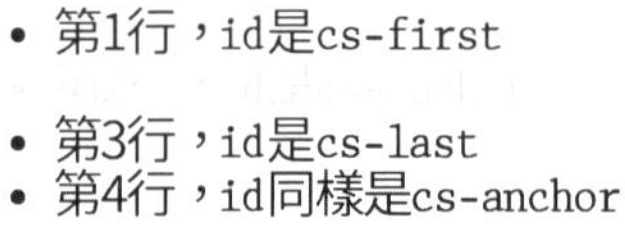

- 第1行，id是cs-first
- 第3行，id是cs-last
- 第4行，id同樣是cs-anchor

▲ 圖 8-10　:target 虛擬類別僅匹配第一個元素

然而，IE 瀏覽器卻不走尋常路，第 2 行和第 4 行的 <li> 元素全匹配了，如圖 8-11 所示。

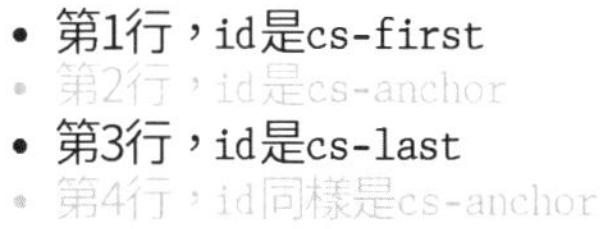

- 第1行，id是cs-first
- 第2行，id是cs-anchor
- 第3行，id是cs-last
- 第4行，id同樣是cs-anchor

▲ 圖 8-11　IE 瀏覽器下 :target 虛擬類別匹配全部元素

因此，一定不要使用重複的 id 值，這既會造成不相容，也不符合語義。如果你想借助 :target 虛擬類別匹配多個元素，請借助 CSS 組合選擇器實現，例如父子選擇器或者兄弟選擇器等。

當我們使用 JavaScript 改變 URL 錨點值的時候，也會觸發 :target 虛擬類別對元素的匹配。例如，執行如下 JavaScript 代碼，頁面中對應的 #cs-anchor 元素就會匹配 :target 虛擬類別並產生定位效果：

```
location.hash = 'cs-anchor';
```

如果匹配錨點的元素是 display:none，則所有瀏覽器不會觸發任何滾動，但是 display:none 元素依然匹配 :target 虛擬類別。例如：

```
<ul>
    <li id=»cs-first»> 第 1 行，id 是 cs-first</li>
    <li id=»cs-anchor» hidden> 第 2 行，id 是 cs-anchor</li>
```

```
    <li id=»cs-last»> 第 3 行，id是cs-last</li>
</ul>
:target + li {
    font-weight: bold;
    color: skyblue;
}
```

則第 3 行文字將表現為天藍色同時被加粗，如圖 8-12 所示。

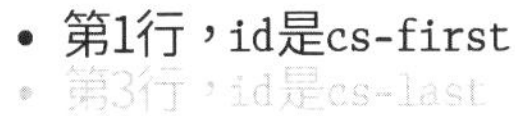

- 第1行，id是cs-first
- 第3行，id是cs-last

▲ 圖 8-12　display:none 元素依然匹配 :target 虛擬類別

千萬不要小看這種行為表現，設置元素 display:none 同時進行 :target 虛擬類別匹配，是我所知道實現諸多交互效果同時保證良好體驗，唯一有效的手段，具體參見下一節內容。

## 8-3-2　:target 交互佈局技術簡介

:target 不僅可以標記錨點錨定的元素，還可以用來實現很多原本需要 JavaScript 才能實現的效果。

這裡要介紹的這種技術實現不會有頁面跳動（滾動重定位）的問題，可以直接落地實際開發。

### 1．展開與收起效果

例如，一篇文章只顯示了部分內容，需要點擊「閱讀更多」才顯示剩餘內容，HTML 如下：

```
文章內容，文章內容，文章內容，文章內容，文章內容，文章內容，文章內容……
<div id="articleMore" hidden></div>
<a href="#articleMore" class="cs-button" data-open="true"> 閱讀更多 </a>
<p class="cs-more-p"> 更多文章內容，更多文章內容，更多文章內容，更多文章內容。</p>
<a href="##" class="cs-button" data-open="false"> 收起 </a>
```

這裡依次出現了以下 4 個標籤元素：

- div#articleMore 元素是一直隱藏的錨鏈元素，用來匹配 :target 虛擬類別。

- a[data-open="true"] 是「閱讀更多」按鈕，點擊位址欄中的 URL 地址，錨點值會變成 #articleMore，從而觸發 :target 虛擬類別的匹配。

- p.cs-more-p 是預設隱藏的更多的文章內容。

- a[data-open="false"] 是收起按鈕，點擊後將重置錨點值，頁面的所有元素都不會匹配 :target 虛擬類別。

相關 CSS 如下：

```
/* 預設 " 更多文章內容 " 和 " 收起 " 按鈕隱藏 */
.cs-more-p,
[data-open=false] {
    display: none;
}
/* 匹配後 " 閱讀更多 " 按鈕隱藏 */
:target ~ [data-open=true] {
    display: none;
}
/* 匹配後 " 更多文章內容 " 和 " 收起 " 按鈕顯示 */
:target ~ .cs-more-p,
:target ~ [data-open=false] {
    display: block;
}
```

上述 CSS 的實現原理是把錨鏈元素放在最前面，然後通過兄弟選擇器 ~ 來控制對應元素的顯隱變化。

傳統實現是把錨鏈元素作為父元素使用的，但這樣做有一個嚴重的體驗問題：當 display 屬性值不是 none 的元素被錨點匹配的時候，會觸發瀏覽器原生的滾動定位行為，而傳統實現方法中的父元素 display 的屬性值顯然不是 none，於是每當點擊閱讀更多按鈕，瀏覽器都會把父元素瞬間滾動至瀏覽器視窗的頂部，這給使用者的感覺就是頁面突然跳動了一下，帶來了很不好的體驗。雖然新的 scroll-behavior:smooth 可以優化這種體驗，但是由於相容性問題，也並不是特別好的方案。

於是，綜合來看，最好的交互方案就是錨鏈元素 display:none，同時把錨鏈元素放在需要進行樣式控制的 DOM 結構的前面，通過兄弟選擇器進行匹配。

我們來看上面例子實現的效果，預設情況下如圖 8-13 所示。

文章內容，文章內容，文章內容，文章內容，文章內容，文章內容，文章內容……

閱讀更多

▲ 圖 8-13　展開更多內容的預設效果

點擊閱讀更多按鈕後，位址欄中的地址變成 https://demo.cssworld.cn/selector/8/3-1. php#articleMore，也就是 URL hashtag 錨點變成了 #articleMore，這時就會匹配選擇器為 #articleMore 元素設置的 :target 虛擬類別樣式，於是，一些元素的顯示狀態和隱藏狀態就發生了變化，佈局效果如圖 8-14 所示。

文章內容，文章內容，文章內容，文章內容，文章內容，文章內容……

更多文章內容，更多文章內容，更多文章內容，更多文章內容。

收起

▲ 圖 8-14　展開更多內容後的顯示效果

線上觀看範例：

https://demo.cssworld.cn/selector/8/3-1.php

整個交互效果實現了沒有任何 JavaScript 代碼的參與，也沒有任何瀏覽器的跳動行為發生。這種實現方法與第 9 章要介紹的「單核取方塊元素顯隱技術」相比有一個巨大的好處，那就是我們可以借助 URL 位址記住當前頁面的交互狀態。

例如，本例中，當展開更多內容後，我們再重整頁面，內容依然保持展開狀態。

移動端開發經常會有一些交互浮層，它們通過 :target 顯隱技術實現，我們無須借助 localStorage（本機存放區）就能記住當前頁面的浮層顯示狀態，成本低、效率高，可以在項目中試試，就算頁面 JavaScript 運行故障，此交互功能也依舊運行良好。

類似的實用場景還有很多，例如常見的選項卡切換效果，借助 :target 虛擬類別實現該效果時不僅不需要 JavaScript 介入，同時還能記住選項卡的切換面板，下面就介紹如何實現它。

## 2 · 選項卡效果

HTML 如下：

```
<div class="cs-tab-x">
    <!-- 錨鏈元素 -->
    <i id=»tabPanel2» class=»cs-tab-anchor-2» hidden></i>
    <i id=»tabPanel3» class=»cs-tab-anchor-3» hidden></i>
    <!-- 以下 HTML 為標準選項卡 DOM 結構 -->
    <div class=»cs-tab»>
        <a href=»#tabPanel1» class=»cs-tab-li»> 選項卡 1</a>
        <a href=»#tabPanel2» class=»cs-tab-li»> 選項卡 2</a>
        <a href=»#tabPanel3» class=»cs-tab-li»> 選項卡 3</a>
    </div>
    <div class=»cs-panel»>
        <div class=»cs-panel-li»> 面板內容 1</div>
        <div class=»cs-panel-li»> 面板內容 2</div>
        <div class=»cs-panel-li»> 面板內容 3</div>
    </div>
</div>
```

錨點定位選項卡與普通選項卡的區別就在於，在選項卡元素的前面多了兩個預設隱藏（通過 hidden 屬性）的錨鏈元素，這幾個元素的 id 屬性值和選項卡按鈕元素 <a> 元素的 href 屬性值正好對應，以便點擊按鈕可以觸發 :target 虛擬類別匹配。相關 CSS 代碼如下：

```
/* 預設選項卡按鈕樣式 */
.cs-tab-li {
```

```
  display: inline-block;
  background-color: #f0f0f0;
  color: #333;
  padding: 5px 10px;
}
/* 選中後的選項卡按鈕樣式 */
.cs-tab-anchor-2:not(:target) + :not(:target) ~ .cs-tab .cs-tab-li:first-child,
.cs-tab-anchor-2:target ~ .cs-tab .cs-tab-li:nth-of-type(2),
.cs-tab-anchor-3:target ~ .cs-tab .cs-tab-li:nth-of-type(3) {
  background-color: deepskyblue;
  color: #fff;
}
/* 預設選項面板樣式 */
.cs-panel-li {
  display: none;
  padding: 20px;
  border: 1px solid #ccc;
}
/* 選中的選項面板顯示 */
.cs-tab-anchor-2:not(:target) + :not(:target) ~ .cs-panel .cs-panel-
li:first-child,
.cs-tab-anchor-2:target ~ .cs-panel .cs-panel-li:nth-of-type(2),
.cs-tab-anchor-3:target ~ .cs-panel .cs-panel-li:nth-of-type(3) {
  display: block;
}
}
```

例如，點擊選項卡 2，瀏覽器地址欄的 URL 值是 https://demo.cssworld.cn/ selector/8/3-2. php#tabPanel2，此時的選項卡效果如圖 8-15 所示。

▲ 圖 8-15　選中第二個選項卡的效果截圖

此時，如果重整頁面，依然會保持第二個選項卡顯示，這表明系統自動記住了使用者之前的選擇。

線上觀看範例：

https://demo.cssworld.cn/selector/8/3-2.php

由於是純 CSS 實現，因此，只要是選項卡樣式呈現，就能進行內容切換交互。而傳統的 JavaScript 實現需要等 JavaScript 載入完畢且初始化完畢才能進行交互，這樣就很容易遇到明明選項卡渲染出來了，點擊按鈕卻沒有任何反應的糟糕的體驗。

:target 虛擬類別交互技術其實出現很久了，只是一直沒能普及，這是因為大家錯誤地把容器元素作為了錨鏈元素，因為這些元素不是 display:none，所以錨點匹配的時候瀏覽器會跳動，體驗很不好。而我在這裡把 display:none 元素作為錨鏈元素，利用兄弟選擇器控制狀態變化，就沒有這種糟糕的體驗。

於是，綜合下來，用 :target 虛擬類別實現交互是一種高性價比的方法，推薦在項目中嘗試，尤其是在懶得寫 JavaScript 的場景下。

### 3・雙管齊下

:target 虛擬類別交互技術也不是完美的，一是它對 DOM 結構有要求，錨鏈元素需要放在前面；二是它的佈局效果並不穩定。接著上面的例子，由於 URL 位址中的錨點只有一個，因此，一旦頁面其他什麼地方有一個錨點連結，如 href 的屬性值是 ###，使用者一點擊，原本選中的第二個選項卡就會莫名其妙地切換到第一個選項卡上去，因為錨點變化了。這可能並不是用戶希望看到的。

因此，在實際開發中，如果對專案要求很高，推薦使用雙管齊下的實踐策略，具體如下：

(1) 默認按照 :target 虛擬類別交互技術實現，實現的時候與一個類名標誌量關聯。

(2) JavaScript 也正常實現選項卡交互，當 JavaScript 成功綁定後，移除類名標誌量，交互由 JavaScript 接手。

這樣，用戶體驗既保持了敏捷，也保持了健壯，這才是站在用戶體驗巔峰的實現，我都是這麼實踐的。

## 8-4 目標容器虛擬類別 :target-within

　　缺什麼來什麼。:target 虛擬類別交互技術的一個不足就是目前只能借助兄弟關係實現，對 DOM 結構有要求。但現在有了 :target-within 虛擬類別，DOM 結構要從容多了。

　　:target-within 虛擬類別可以匹配 :target 虛擬類別匹配的元素，或者匹配存在後代元素（包括文本節點）匹配 :target 虛擬類別的元素。

　　例如，假設瀏覽器的 URL 後面的錨點地址是 #cs-anchor，HTML 如下：

```
<ul>
    <li id=»cs-first»>第 1 行，id 是 cs-first</li>
    <li id=»cs-anchor»>第 2 行，id 是 cs-anchor</li>
    <li id=»cs-last»>第 3 行，id 是 cs-last</li>
    <li id=»cs-anchor»>第 4 行，id 同樣是 cs-last</li>
</ul>
```

　　則 :target 匹配的是 li#cs-anchor 元素，而 :target-within 不僅可以匹配 li#cs-anchor 元素，還可以匹配父元素 ul，因為 ul 的後代元素 li#cs-anchor 匹配 : target 虛擬類別。

　　:target-within 虛擬類別的含義與 :focus-within 虛擬類別的類似，只是一個是 :target 虛擬類別的祖先匹配，一個是 :focus 虛擬類別的祖先匹配。然而，這兩個選擇器的瀏覽器支援情況卻大相徑庭：:focus-within 虛擬類別目前已經可以在實際項目中使用，而 :target-within 虛擬類別卻還沒有瀏覽器支持。根據我的判斷，:target 匹配原本就是 DOM 完全載入完畢後才觸發，因此，技術支援與現有渲染機制並不衝突，理論上是可行的，因此，以後還是很有可能會支持。

　　因為目前尚未有瀏覽器支持這一虛擬類別，所以這裡不展開介紹。

# Note

# Chapter 09 | 輸入虛擬類別

本章將介紹與表單控制項元素（如 <input>、<select> 和 <textarea>）相關的虛擬類別，這些虛擬類別中很多都非常實用，掌握這些虛擬類別是前端人員的必備技能。

## 9-1 輸入控制項狀態

本節介紹的所有虛擬類別都可以在實際項目中使用，都是很實用的。

### 9-1-1 可用狀態與禁用狀態虛擬類別 :enabled 和 :disabled

:enabled 虛擬類別和 :disabled 虛擬類別從 IE9 瀏覽器就已經開始支援，可以放心使用。

由於在實際項目中 :disabled 虛擬類別用得較多，因此我們先從 :disabled 虛擬類別說起。

#### 1 · 先從 :disabled 虛擬類別說起

先來看看 :disabled 虛擬類別的基本用法。最簡單的用法是實現禁用狀態的輸入框，HTML 如下：

```
<input disabled>
```

此時，我們就可以使用 :disabled 虛擬類別設置輸入框的樣式。例如，背景置灰：

```
:disabled {
  border: 1px solid lightgray;
```

```
    background: #f0f0f3;
}
```

效果如圖 9-1 所示。

▲ 圖 9-1　輸入框處於禁用狀態時背景置灰（使用 :disabled 虛擬類別實現）

實際上，直接使用屬性選擇器也能設置禁用狀態的輸入框的樣式。例如：

```
[disabled] {
    border: 1px solid lightgray;
    background: #f0f0f3;
}
```

效果是一樣的，如圖 9-2 所示。

▲ 圖 9-2　輸入框處於禁用狀態時背景置灰（使用屬性選擇器實現）

後一種方法相容性更好，IE8 瀏覽器也支持。這就很奇怪了，為何還要多此一舉，設計一個新的 :disabled 虛擬類別呢？

這個問題的解答可參見 9.2.1 節，與 :checked 虛擬類別的設計原因有很多相似之處。

## 2 · :enabled 和 :disabled 若干細節知識

我們需要先搞明白 :enabled 虛擬類別與 :disabled 虛擬類別是否完全對立。

對於常見的表單元素，:enabled 虛擬類別與 :disabled 虛擬類別確實是完全對立的，也就是說，如果這兩個虛擬類別樣式同時設置，總會有一個虛擬類別樣式匹配。下面以輸入框元素為例，CSS 和 HTML 如下：

```
:disabled {
    border: 1px solid lightgray;
    background: #f0f0f3;
```

```
}
:enabled {
   border: 1px solid deepskyblue;
   background: lightskyblue;
}
<input disabled value=" 禁用 ">
<input readonly value=" 唯讀 ">
<input value=" 普通 ">
```

readonly（唯讀）狀態也認為是 :enabled，最終效果如圖 9-3 所示。

▲ 圖 9-3　:enabled 與 :disabled 樣式必定渲染其一

但是有一個例外，那就是 <a> 元素，在 Chrome 瀏覽器下，帶有 href 屬性的 <a> 元素可以匹配 :enabled 虛擬類別。例如：

```
<a href> 連結 </a>
```

在 Chrome 瀏覽器下的效果如圖 9-4 所示，深天藍邊框，淺天藍背景。

<u>連結</u>

▲ 圖 9-4　Chrome 瀏覽器下 <a> 元素匹配 :enabled 虛擬類別

但是它卻無法匹配 :disabled 虛擬類別。下面 3 種寫法都是無效的：

```
<!-- 全部無法匹配 :disabled 虛擬類別 -->
<ul>
   <li><a> 無連結 </a></li>
   <li><a disabled> 無連結有 disabled</a></li>
   <li><a href disabled> 有連結同時 disabled</a></li>
</ul>
```

在 Chrome 瀏覽器下沒有一個 <a> 元素匹配 :disabled 虛擬類別（沒有 <a> 元素會出現灰邊框和灰背景），如圖 9-5 所示。

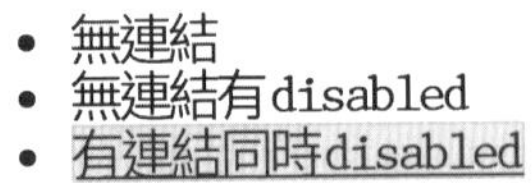

- 無連結
- 無連結有 disabled
- 有連結同時 disabled

▲ 圖 9-5　Chrome 瀏覽器下 <a> 元素不匹配 :disabled 虛擬類別

在 Chrome 瀏覽器下，<a> 元素的這種非對立特性實際上是不符合規範的，Firefox 和 IE 瀏覽器忽略 <a> 的 :enabled 虛擬類別。但是，因為現在大部分用戶瀏覽器都是 Chrome，所以實際開發的時候一定要注意儘量避免使用裸露的 :enabled 虛擬類別，因為這樣會影響連結元素的樣式。

**其他細節**

對於 <select> 下拉清單元素，無論是 <select> 元素自身，還是後代 <option> 元素，都能匹配 :enabled 虛擬類別和 :disabled 虛擬類別，所有瀏覽器都匹配。

在 IE 瀏覽器下 <fieldset> 元素並不支援 :enabled 虛擬類別與 :disabled 虛擬類別，這是有問題的，但其他瀏覽器沒有這個問題。因此，如果使用 <fieldset> 元素一次性禁用所有表單元素，就不能通過 :disabled 虛擬類別識別（如果要相容 IE），可以使用 fieldset[disabled] 選擇器進行匹配。

設置 contenteditable="true" 的元素雖然也有輸入特徵，但是並不能匹配 :enabled 虛擬類別，所有瀏覽器都不匹配。同樣，設置 tabindex 屬性的元素也不能匹配 :enabled 虛擬類別。

元素設置 visibility:hidden 或者 display:none 依然能夠匹配 :enabled 虛擬類別和 :disabled 虛擬類別。

## 3・:enabled 虛擬類別和 :disabled 虛擬類別的實際應用

:enabled 虛擬類別在 CSS 開發中是一個有點雞肋的虛擬類別，因為表單元素預設就是 enabled 狀態的，不需要額外的 :enabled 虛擬類別匹配。例如，可以像下面這樣做：

```
.cs-input {
    border: 1px solid lightgray;
    background: white;
}
```

```
.cs-input:disabled {
   background: #f0f0f3;
}
```

而無須多此一舉再寫上 :enabled 虛擬類別：

```
/* :enabled多餘 */
.cs-input:enabled {
   border: 1px solid lightgray;
   background: white;
}
.cs-input:disabled {
   background: #f0f0f3;
}
```

但是 :enabled 虛擬類別在 JavaScript 開發中卻不雞肋，例如，使用 querySelectorAll 這個 API 匹配可用元素的時候就很方便。另外，我們可以借助 :enabled 虛擬類別敏捷區分 IE8 和 IE9 瀏覽器。例如：

```
/* IE8+ */
.cs-exmaple {}
/* IE9+ */
.any-class:enabled, .cs-exmaple {}
```

由於 IE8 瀏覽器不認識 :enabled 虛擬類別，因此整行語句失效，瀏覽器版本自然就區分開了。與經典的 :root 虛擬類別 hack 方法相比，這種方法的優點是不會增加 .cs-exmaple 選擇器的優先順序：

```
/* IE8+ */
.cs-exmaple {}
/* IE9+，會增加選擇器優先順序，不推薦 */
:root .cs-exmaple {}
```

然後，:enabled 虛擬類別在 JavaScript 中的作用要比在 CSS 中大。例如，我們可以使用 document.querySelectorAll('form :enabled') 查詢所有可用表單元素，以實現自訂的表單序列化方法。

　　至於 :disabled 虛擬類別，最常用的應該就是按鈕了。

　　只要你的網頁專案不需要相容很舊的 IE 瀏覽器，就可以使用原生的 <button> 按鈕實現，這樣做的優點非常多。以按鈕禁用為例，點擊按鈕發送 Ajax 請求是一個非同步過程，為了防止重複點擊請求，通常的做法是設置標誌量。實際上，如果按鈕是原生的按鈕（無論是 <button> 按鈕還是 <input> 按鈕），此時，只要設置按鈕 disabled = true，點擊事件自然就會失效，無須用額外的 JavaScript 代碼進行判斷，同時語義更好，還可以使用 :disabled 虛擬類別精確控制樣式。例如：

```
<button id="csButton" class="cs-button">刪除</button>
/* 按鈕處於禁用狀態時的樣式 */
.cs-button:disabled {}
csButton.addEventListener('click', function () {
   this.disabled = true;
   // 執行 ajax
   // ajax 完成後設置按鈕 disabled 為 false
});
```

　　充分利用瀏覽器內置行為會使代碼更簡潔，功能更健壯，語義更好，因此沒有不使用它的理由！

　　由於歷史遺留原因，網頁中的按鈕多使用 <a> 元素。對於禁用狀態，很多人會用 pointer- events:none 來控制，雖然點擊它確實無效，但是鍵盤 Tab 依然可以訪問它，按回車鍵也依然可以觸發點擊事件，用這種方法實現的其實是一個偽禁用。同時，設置了 pointer- events:none 的元素無法顯示 title 提示，可用性反而下降。因此，請與時俱進，儘量使用原生按鈕實現交互效果。

　　:disabled 虛擬類別除了設置元素本身的禁用樣式，還可以借助兄弟選擇器同步設置自訂表單元素的樣式。例如：

```
/* 自訂下拉清單元素樣式禁用 */
:disabled + .cs-custom-select {}
/* 自訂單選框樣式禁用 */
:disabled + .cs-custom-radio {}
/* 自訂核取方塊樣式禁用 */
:disabled + .cs-custom-checkbox {}
```

## 9-1-2　讀寫特性虛擬類別 :read-only 和 :read-write

這兩個虛擬類別很好理解，它們用於匹配輸入框元素是否唯讀，還是可讀可寫。

這兩個虛擬類別中間都有短橫線，由於唯讀的 HTML 屬性是 readonly，中間沒有短橫線，因此很多人會混淆。所以有短橫線這一點大家可以注意一下。

另外，這兩個虛擬類別只作用於 \<input\> 和 \<textarea\> 這兩個元素 [2]。

現在，我們透過一個簡單的例子，快速瞭解一下這兩個虛擬類別：

```
<textarea> 默認 </textarea>
<textarea readonly> 唯讀 </textarea>
<textarea disabled> 禁用 </textarea>
```

CSS 代碼為：

```
textarea {
    border: 1px dashed gray;
    background: white;
}
/* Firefox 還需要加 -moz- 私有化前置 */
textarea:read-write {
    border: 1px solid black;
    background: gray;
}
textarea:read-only {
    border: 1px solid gray;
    background: lightgray;
}
```

結果如圖 9-6 所示，出現這樣的現象可能會出乎你意料，明明不能輸入任何資訊的 disabled 狀態居然匹配了 :read-write 虛擬類別：

---

2　:read-write 虛擬類別在 Firefox 瀏覽器下可以作用於 contentediabled="true" 的元素，由於非標準，且無實用價值，故不對其進行介紹。

▲ 圖 9-6　禁用狀態也匹配 :read-write 虛擬類別

站在實用主義的角度，:read-write 出場機會很有限，因為輸入框的預設狀態就是 :read-write，我們很少會額外設置 :read-write 虛擬類別給自己找麻煩，只會使用 :read-only 對處於 readonly 狀態的輸入框進行樣式重置。

不過，因為 IE 瀏覽器並不支持這兩個虛擬類別，所以這兩個虛擬類別只能在移動端和內部項目、實驗項目中使用。

另外，如果你的專案需要相容 Firefox 瀏覽器，我也建議不要使用 :read-only 虛擬類別，因為截至 2019 年 8 月 Firefox 瀏覽器還需要添加 -moz- 私有化的前置碼。由於其他瀏覽器都並不認識 -moz- 私有化的前置碼，Firefox 瀏覽器又不認識 :read-only，因此會導致整行選擇器在所有瀏覽器下都失效：

```
/* 沒有任何瀏覽器可以匹配 */
textarea:read-only,
textarea:-moz-read-only {
    border: 1px solid gray;
    background: lightgray;
}
```

選擇器只能分開書寫：

```
textarea:read-only {
    border: 1px solid gray;
    background: lightgray;
}
textarea:-moz-read-only {
    border: 1px solid gray;
    background: lightgray;
}
```

很顯然，這樣書寫代碼就很囉嗦。

因此，遇到這種需要相容 Firefox 瀏覽器的場景，建議使用屬性選擇器代替：

```
textarea[readonly] {
    border: 1px solid gray;
    background: lightgray;
}
```

## readonly 和 disabled 的區別

設置 readonly 的輸入框不能輸入內容，但它可以被表單提交；設置 disabled 的輸入框不能輸入內容，也不能被表單提交。readonly 輸入框和普通輸入框的樣式類似，但是瀏覽器會將設置了 disabled 的輸入框中的文字置灰來加以區分。

# 9-1-3 預留位置顯示虛擬類別 :placeholder-shown

:placeholder-shown 虛擬類別的匹配和 placeholder 屬性密切相關，顧名思義就是「預留位置顯示虛擬類別」，表示當輸入框的 placeholder 內容顯示的時候，匹配該輸入框。

例如：

```
<input placeholder=" 輸入任意內容 ">
input {
    border: 2px solid gray;
}
input:placeholder-shown {
    border: 2px solid black;
}
```

預設狀態下，輸入框的值為空，placeholder 屬性對應的預留位置內容顯示，此時匹配 :placeholder-shown 虛擬類別，邊框顏色表現為黑色；當我們輸入任意的文字，如 CSS 世界，由於預留位置內容不顯示，因此無法匹配 :placeholder-shown 虛擬類別，邊框顏色表現為灰色，如圖 9-7 所示。

▲ 圖 9-7　:placeholder-shown 虛擬類別基本作用示意

　　:placeholder-shown 虛擬類別的瀏覽器相容性非常好，除 IE 瀏覽器不支持之外，在其他場景下都能放心使用，目前最經典的應用就是純 CSS 實現 Material Design 風格預留位置交互效果。

## 1・實現 Material Design 風格預留位置交互效果

　　這種交互風格如圖 9-8 所示（官方效果截圖），輸入框處於聚焦狀態時，輸入框的預留位置內容以動畫形式移動到左上角作為標題存在。

　　現在這種設計在移動端很常見，因為寬度較稀缺。相信不少人在實際項目中實現過這種交互，而且我敢肯定一定是借助 JavaScript 實現的。

　　實際上，我們可以借助 CSS :placeholder-shown 虛擬類別（純 CSS，無任何 JavaScript）實現這樣的預留位置交互效果。例如，圖 9-9 展示的就是我實現的真實效果截圖。

Standard　　　　　　　　　　　　　　　:default

Helper Text

Standard　　　　　　　　　　　　　　:focus

Helper Text

▲ 圖 9-8　Material Design 風格預留位置交互示意

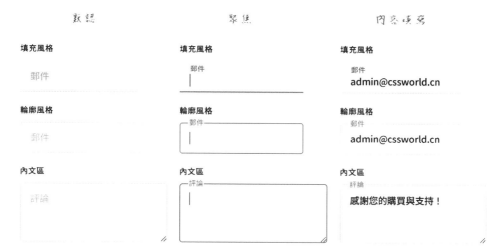

▲ 圖 9-9　Material Design 風格預留位置交互實現截圖

以第一個填充風格的輸入框為例，它的 HTML 結構如下：

```
<div class="input-fill-x">
    <input class=»input-fill» placeholder=» 郵件 ">
    <label class=»input-label»> 郵件 </label>
</div>
```

首先，讓瀏覽器默認的 placeholder 效果不可見，只需將 color 設置為 transparent
即可，CSS 如下：

```
/* 默認 placeholder 顏色透明不可見 */
.input-fill:placeholder-shown::placeholder {
    color: transparent;
}
```

然後，用下面的 .input-label 元素代替瀏覽器原生的預留位置成為我們肉眼看
到的預留位置。我們可以採用絕對定位：

```
.input-fill-x {
    position: relative;
}
.input-label {
```

```
    position: absolute;
    left: 16px; top: 14px;
    pointer-events: none;
}
```

最後，在輸入框聚焦以及預留位置不顯示的時候對 <label> 元素進行重定位（縮小並位移到上方）：

```
.input-fill:not(:placeholder-shown) ~ .input-label,
.input-fill:focus ~ .input-label {
    transform: scale(0.75) translate(0, -32px);
}
```

效果達成！很顯然，這要比使用 JavaScript 寫各種事件和判斷各種場景簡單多了！

線上觀看範例：

https://demo.cssworld.cn/selector/9/1-1.php

## 2 · :placeholder-shown 與空值判斷

由於 placeholder 內容只在空值狀態的時候才顯示，因此我們可以借助 :placeholder- shown 虛擬類別來判斷一個輸入框中是否有值。

例如：

```
textarea:placeholder-shown + small::before,
input:placeholder-shown + small::before {
    content: ' 尚未輸入內容 ';
    color: red;
    font-size: 87.5%;
}
```
```
<input placeholder=" "> <small></small>
<textarea placeholder=" "></textarea> <small></small>
```

可以看到輸入框中沒有輸入內容的時候出現了空值提示資訊，如圖 9-10 所示。

▲ 圖 9-10　空值提示截圖示意

當我們在輸入框內輸入值，則可以看到提示資訊消失了，如圖 9-11 所示。

▲ 圖 9-11　輸入文本後空值提示消失截圖示意

於是，我們就可以不使用 JavaScript 實現使用者必填內容的驗證提示交互。

## 9-1-4　預設選項虛擬類別 :default

CSS :default 虛擬類選擇器只能作用在表單元素上，表示處於預設狀態的表單元素。

舉個例子，一個下拉清單可能有多個選項，我們會預設讓某個 <option> 處於 selected 狀態，此時這個 <option> 可以看成是處於預設狀態的表單元素（如下面示意代碼中的選項 4），理論上可以匹配 :default 虛擬類選擇器。

```
<select multiple>
    <option> 選項 1</option>
    <option> 選項 2</option>
    <option> 選項 3</option>
    <option selected> 選項 4</option>
    <option> 選項 5</option>
    <option> 選項 6</option>
</select>
```

假設 CSS 如下：

```
option:default {
   color: red;
}
```

則在 Chrome 瀏覽器下，當我們選擇其他選項，此時就可以看到選項 4 是紅色的，效果如圖 9-12 所示。Firefox 瀏覽器下的效果類似，如圖 9-13 所示。

▲ 圖 9-12　Chrome 瀏覽器下預設
選項 4 是紅色的

▲ 圖 9-13　Firefox 下預設
選項 4 是紅色的

IE 瀏覽器不支持 :default 虛擬類別。

移動端可以放心使用 :default 虛擬類別，不考慮用 IE 瀏覽器的桌面端的項目也可以用。

## 1 · :default 虛擬類別的作用與細節

CSS :default 虛擬類別設計的作用是讓使用者在選擇一組資料時，依然知道預設選項是什麼，否則一旦其他選項增多，就不知道預設選項是哪一個，算是一種體驗增強策略。雖然它的作用不是特別強大，但是關鍵時刻它卻很有用。

下面介紹 :default 虛擬類別的一些細節知識。

JavaScript 的快速修改不會影響 :default 虛擬類別。

測試代碼如下：

```
:default {
   transform: scale(1.5);
}
<input type="radio" name="city" value="0">
<input type="radio" name="city" value="1" checked>
<input type="radio" name="city" value="2">
```

```
<script>
document.querySelectorAll('[type="radio"]')[2].checked = true;
</script>
```

也就是說，HTML 是將第二個單選框放大 1.5 倍，然後瞬間將第三個單選框設置為選中，結果發現即使切換速度特別快，哪怕是幾乎無延遲的 JavaScript 修改，:default 虛擬類選擇器的渲染依然不受影響。實際渲染如圖 9-14 所示。

▲ 圖 9-14　選項按鈕選中和放大效果截圖

如果 <option> 沒有設置 selected 屬性，瀏覽器會預設呈現第一個 <option>，此時第一個 <option> 不會匹配 :default 虛擬類別。例如：

```
option:default {
    color: red;
}
<select name="city">
    <option value=»-1»> 請選擇 </option>
    <option value=»1»> 北京 </option>
    <option value=»2»> 上海 </option>
    <option value=»3»> 深圳 </option>
    <option value=»4»> 廣州 </option>
    <option value=»5»> 廈門 </option>
</select>
```

結果第一個 <option> 沒有變成紅色，如圖 9-15 所示，因此，要想匹配 :default 虛擬類別，selected 必須為 true。同樣，對於單核取方塊，checked 屬性值也必須為 true。

▲ 圖 9-15　「請選擇」沒有變紅

## 2．:default 虛擬類別的實際應用

雖然說 :default 虛擬類別是用來標記預設狀態，以避免選擇混淆的，但實際上在我看來，它更有實用價值的應用應該是「推薦標記」。

例如，某產品有多個支付選項，其中商家推薦使用微信支付，如圖 9-16 所示。

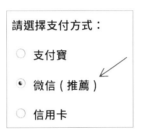

▲ 圖 9-16 「推薦」字樣顯示截圖

以前的做法是預設選中微信支付選項，並在後面加上（推薦）。這樣實現有一個缺點：如果以後要改變推薦的支付方式，需要修改單選框的 checked 屬性和（推薦）文案的位置。有了 :default 虛擬類別，可以讓它變得更加簡潔，也更容易維護。

使用如下所示的 CSS 和 HTML 代碼就可以實現圖 9-16 所示的效果：

```
input:default + label::after {
    content: '（推薦）';
}
<p><input type="radio" name="pay" id="pay0"> <label for="pay0"> 支付寶 </label>
</p>
<p><input type="radio" name="pay" id="pay1" checked> <label for="pay1"> 微信
</label></p>
<p><input type="radio" name="pay" id="pay2"> <label for="pay2"> 信用卡 </label>
</p>
```

由於 :default 虛擬類別的匹配不受之後 checked 屬性值變化的影響，因此（推薦）會一直跟在微信的後面，功能不會發生變化。這樣做之後維護更方便了，例如，如果以後想將推薦支付方式更換為支付寶，則直接設置支付寶對應的 <input>

單選框為 checked 狀態即可,(推薦)文案會自動跟過來,整個過程我們只需要修改一處。

線上觀看範例:

https://demo.cssworld.cn/selector/9/1-2.php

## 9-2 輸入值狀態

這裡要介紹的兩個虛擬類別是與單選框和核取方塊這兩類表單元素密切相關的,HTML 示意如下:

```
<!-- 單選框 -->
<input type="radio">
<!-- 核取方塊 -->
<input type="checkbox">
```

### 9-2-1　選中選項虛擬類別 :checked

本節即將介紹的 :checked 虛擬類別交互技術可以說是整個 CSS 虛擬類別交互技術中最實用、滿意度最高的技術,可能有一些開發者對此技術已經有所瞭解,靜下心來,說不定會發現你沒有注意到的一些地方。

我們先透過一個簡單的例子,快速瞭解一下這個虛擬類別:

```
input:checked {
    box-shadow: 0 0 0 2px red;
}
<input type="checkbox">
<input type="checkbox" checked>
```

結果如圖 9-17 所示,處於選中狀態的核取方塊外多了 2px 的紅色線框。

▲ 圖 9-17　處於選中狀態的核取方塊匹配了 :checked 虛擬類別

實際上，這裡直接使用屬性選擇器也能得到一樣的效果。

```
input[checked] {
  box-shadow: 0 0 0 2px red;
}
```

那麼問題來了，:checked 虛擬類別的意義是什麼呢？這個問題的答案和下面這兩個問題的答案類似，我一起解答。

- 既然 [disabled] 也能匹配，那麼 :disabled 虛擬類別的意義是什麼？
- 既然 [readonly] 也能匹配，那麼 :read-only 虛擬類別的意義是什麼？

## 1・為何不直接使用 [checked] 屬性選擇器

不直接使用 [checked] 屬性選擇器有兩個重要原因。

(1) :checked 只能匹配標準表單控制項元素，不能匹配其他普通元素，即使這個普通元素設置了 checked 屬性。但是 [checked] 屬性選擇器卻可以與任意元素匹配。例如：

```
:checked { backgroud: skyblue; }
[checked] { border: 2px solid deepskyblue; }
<canvas width="120" height="80" checked></canvas>
```

結果如圖 9-18 所示，邊框有顏色，但背景卻沒有顏色，這是因為 :checked 虛擬類別為表單元素專屬。

▲ 圖 9-18　:checked 虛擬類別無法匹配 <canvas> 元素，
[checked] 屬性選擇器可以匹配

(2) [checked] 屬性的變化並非即時的。這是不建議使用 [checked] 屬性選擇器控制單核取方塊選中狀態樣式最重要的原因。例如，已知

```
<input type="checkbox">
```

此時我們使用 JavaScript 設置該核取方塊的 checked 狀態為 true：

```
document.querySelector('[type="checkbox"]').checked = true;
```

結果雖然視覺上核取方塊表現為選中狀態，但是實際上 HTML 代碼中並沒有 checked 屬性值，如圖 9-19 所示。

▲ 圖 9-19　核取方塊表現為選中狀態但並無 checked 屬性

這就意味著，使用 [checked] 屬性選擇器控制單核取方塊的樣式會出現匹配不準確的情況，而 :checked 虛擬類別匹配就不存在這個問題。因此，不建議使用 [checked] 屬性選擇器。

根據我的測試，這種真實狀態和屬性值不匹配的場景主要在 checked 狀態變化的時候出現，disabled 狀態發生變化時瀏覽器會自動同步相關屬性值。

(3) 虛擬類別可以正確匹配從父項目那裡繼承過來的狀態，但是屬性選擇器卻不可以。例如：

```
<fieldset disabled>
    <input>
    <textarea></textarea>
</fieldset>
```

如果 <fieldset> 元素設置 disabled 禁用，則內部所有的表單元素也會處於禁用狀態，不管有沒有設置 disabled 屬性。此時，由於 input 元素沒有設置 disabled 屬性，因此 input[disabled] 以及 textarea[disabled] 選擇器是不能正確匹配的，但是，:disabled 虛擬類選擇器卻可以正確匹配：

```
/* 可以正確匹配處於禁用態的 <fieldset> 子元素 */
input:disabled,
textarea:disabled {
    border: 1px solid lightgray;
    background: #f0f0f3;
}
```

## 2・單核取方塊元素顯隱技術

由於單選框和核取方塊的選中行為是由點擊事件觸發的，因此配合兄弟選擇器，可以選擇不使用 JavaScript 實現多種點擊交互行為，如展開與收起、選項卡切換或者多級下拉清單等。

例如，要實現展開與收起效果的 HTML 如下：

```
文章內容，文章內容，文章內容，文章內容，文章內容，文章內容，文章內容……
<input type="checkbox" id="articleMore">
<label class="cs-button" for="articleMore" data-open="true"> 閱讀更多 </label>
<p class="cs-more-p"> 更多文章內容，更多文章內容，更多文章內容，更多文章內容。</p>
<label class="cs-button" for="articleMore" data-open="false"> 收起 </label>
```

CSS 代碼如下：

```
[type="checkbox"] {
    position: absolute;
    clip: rect(0 0 0 0);
}
/* 預設 " 更多文章內容 " 和 " 收起 " 按鈕隱藏 */
.cs-more-p,
[data-open=false] {
    display: none;
}
/* 匹配後 " 閱讀更多 " 按鈕隱藏 */
```

```
:checked ~ [data-open=true] {
    display: none;
}
/* 匹配後 " 更多文章內容 " 和 " 收起 " 按鈕顯示 */
:checked ~ .cs-more-p,
:checked ~ [data-open=false] {
    display: block;
}
```

　　細心的你肯定會注意到這裡實現的核心邏輯和 :target 虛擬類別是一模一樣的，差別在於這裡使用了 \<label\> 元素和隱藏的核取方塊關聯，而 :target 虛擬類別技術則使用了 \<a\> 元素和隱藏的錨鏈元素關聯。兩者實現的效果也一樣，默認效果如圖 9-20 所示。

文章內容，文章內容，文章內容，文章內容，文章內容，文章內容，文章內容……

閱讀更多

▲ 圖 9-20　展開顯示更多內容這種交互效果的預設狀態

　　點擊閱讀更多按鈕後，佈局效果如圖 9-21 所示。

文章內容，文章內容，文章內容，文章內容，文章內容，文章內容，文章內容……

更多文章內容，更多文章內容，更多文章內容，更多文章內容。

收起

▲ 圖 9-21　展開更多內容後的顯示效果

線上觀看範例：

https://demo.cssworld.cn/selector/9/2-1.php

同樣，我們也可以仿照 :target 虛擬類別的套路實現 :checked 虛擬類別的選項卡效果。

選項卡效果本質上就是多選一，與 [type="radio"] 的本質是一致的，可以使用單選框元素和 :checked 虛擬類別實現。

HTML 結構如下：

```
<div class="cs-tab-x">
    <!-- 單選框組 -->
    <input id=»tabPanel1» type=»radio» name=»tab» checked hidden>
    <input id=»tabPanel2» type=»radio» name=»tab» hidden>
    <input id=»tabPanel3» type=»radio» name=»tab» hidden>
    <!-- 以下為標準選項卡 DOM 結構 -->
    <div class=»cs-tab»>
        <label class=»cs-tab-li» for=»tabPanel1»> 選項卡 1</label>
        <label class=»cs-tab-li» for=»tabPanel2»> 選項卡 2</label>
        <label class=»cs-tab-li» for=»tabPanel3»> 選項卡 3</label>
    </div>
    <div class=»cs-panel»>
        <div class=»cs-panel-li»> 面板內容 1</div>
        <div class=»cs-panel-li»> 面板內容 2</div>
        <div class=»cs-panel-li»> 面板內容 3</div>
    </div>
</div>
```

:checked 虛擬類別實現的選項卡效果和普通選項卡的區別就在於在選項卡元素的前面多了 3 個默認隱藏的（通過 hidden 屬性）單選框元素，這幾個元素的 id 屬性值和選項卡按鈕 <label> 元素的 for 屬性值正好對應，這樣點擊按鈕就可以觸發單選框元素的選中行為，從而實現 :checked 虛擬類別匹配。相關 CSS 代碼如下：

```
/* 預設選項卡按鈕樣式 */
.cs-tab-li {
    display: inline-block;
    background-color: #f0f0f0;
    color: #333;
    padding: 5px 10px;
```

```
}
/* 選中後的選項卡按鈕樣式 */
:first-child:checked ~ .cs-tab .cs-tab-li:first-child,
:checked + input + .cs-tab .cs-tab-li:nth-of-type(2),
:checked + .cs-tab .cs-tab-li:nth-of-type(3) {
    background-color: deepskyblue;
    color: #fff;
}
/* 預設選項面板樣式 */
.cs-panel-li {
    display: none;
    padding: 20px;
    border: 1px solid #ccc;
}
/* 選中的選項面板顯示 */
:first-child:checked ~ .cs-panel .cs-panel-li:first-child,
:nth-of-type(2):checked ~ .cs-panel .cs-panel-li:nth-of-type(2),
:nth-of-type(3):checked ~ .cs-panel .cs-panel-li:nth-of-type(3) {
    display: block;
}
```

例如，點擊選項卡 2，將出現如圖 9-22 所示的效果。

▲ 圖 9-22　選中 " 選項卡 2" 的效果截圖

線上觀看範例：

https://demo.cssworld.cn/selector/9/2-2.php

在實際開發中，我們可以讓 HTML 結構變得足夠扁平，這可以大大減少 CSS 代碼量。這裡的例子是直接按照最難模式實現的。

**立足於實際開發**

上面這兩個簡單的例子都使用了 <label> 元素，只要 <label> 元素的 for 屬性值和單核取方塊的 id 一致，點擊 <label> 元素就等同於點擊單核取方塊，從而實現我們想要的效果。

但實際上 <label> 元素並不是單核取方塊元素顯隱技術實現的必選項，使用 <label> 元素的最大優點是可以將單選複選元素放置在頁面的任意位置，實現更加靈活，但在有些場合下這些並不是最佳的實現方式。

下面是我的一些經驗之談，很重要。

雖然用單核取方塊技術可以實現展開收起效果、選項卡效果，甚至樹形結構效果，但是，不要在實際項目中這麼做，因為這並不是最佳的實現方式。展開和收起效果（樹形結構的本質也是展開和收起）的最佳實現方式是使用 <details> 和 <summary> 元素技術，其次是 JavaScript，再接下來才是單核取方塊顯隱技術。對於展開和收起效果，單核取方塊顯隱技術只能算不符合語義的奇技淫巧。

再說選項卡效果。用單核取方塊顯隱技術實現選項卡效果也是不可取的，因為它的語義很糟糕，維護也是一個問題，且沒有記憶功能。最好的實現方式是先使用 :target 虛擬類別實現選項卡切換效果，這是一種純 CSS 實現方法，然後再使用 JavaScript 方法實現選項卡切換效果，同時讓 CSS 切換選項卡的效果失效，使 CSS 切換效果失效的方法很簡單，點擊選項卡對應的 <a> 元素按鈕時阻止 <a> 元素預設的跳轉行為即可。此時，就算用戶禁用了 JavaScript，或者 JavaScript 載入緩慢，又或者 JavaScript 運行錯誤中止了，也不會影響選項卡正常的切換功能，因為有純 CSS 實現的選項卡技術兜底。

那什麼場景才適合單核取方塊顯隱技術呢？其實非常非常多，如自訂單核取方塊、開關效果、圖片或者清單的選擇等。這些場景有一個共同特點，那就是點擊的交互元素就是我們需要選擇的物件。從技術角度來講，就是可以不借助 <label> 元素，直接將單核取方塊元素透明度 opacity:0 覆蓋在選擇元素上也能實現交互功能的場景。

單核取方塊元素技術通常有 3 種實現策略：一種是 <label> 元素關聯，一種是將單核取方塊元素覆蓋在目標元素上，還有一種是同時使用這兩種方式。但從功

能上講，採用第一種方式來實現就夠了，但如果還要考慮無障礙訪問，尤其移動
端（螢幕閱讀軟體基於觸摸識別），如果 DOM 結構合適，建議使用覆蓋實現。

接下來，我將示範一些與單核取方塊技術有關的最佳實踐案例。

(1) 自訂單核取方塊

瀏覽器原生的單核取方塊常常和設計風格不搭，需要自訂，最好的實現方法
就是借助原生單核取方塊再配合其他虛擬類別，HTML 結構如下：

```
<-- 原生單選框，寫在前面 -->
<input type="radio" id="radio">
<-- label 元素類比單選框 -->
<label for="radio" class="cs-radio"></label>
<-- 單選文案 -->
<label for="radio"> 單選項 </label>
```

下面是 CSS 部分：

```
/* 設置單選框透明度為 0 並覆蓋其他元素 */
[type="radio"] {
    position: absolute;
    width: 20px; height: 20px;
    opacity: 0;
    cursor: pointer;
}
/* 自訂單選框樣式 */
.cs-radio {}
/* 選中狀態下的單選框樣式 */
:checked + .cs-radio {}
/* 聚焦狀態下的單選框樣式 */
:focus + .cs-radio {}
/* 禁用狀態下的單選框樣式 */
:disabled + .cs-radio {}
```

自訂單選框很簡單，使用 CSS border-radius 畫個圓就可以了。圖 9-23 展示的
就是最終實現的單選框的不同狀態效果。

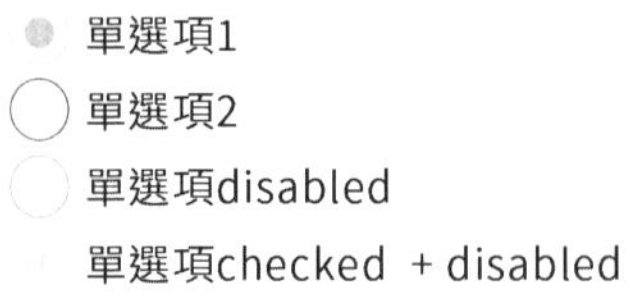

單選項1
單選項2
單選項disabled
單選項checked ＋disabled

▲ 圖 9-23　最終實現的單選框的不同狀態效果

核取方塊的實現與單選框類似，其 HTML 結構如下：

```
<-- 核取方塊，寫在前面 -->
<input type="checkbox" id="checkbox">
<-- label 元素類比核取方塊 -->
<label for="checkbox" class="cs-radio"></label>
<-- 複選文案 -->
<label for="checkbox">複選項 </label>
```

下面是 CSS 部分：

```
/* 設置核取方塊透明度為 0 並覆蓋其他元素 */
[type="checkbox"] {
    position: absolute;
    width: 20px; height: 20px;
    opacity: 0;
    cursor: pointer;
}
/* 自訂單選框樣式 */
.cs-checkbox {}
/* 選中狀態下的單選框樣式 */
:checked + .cs-checkbox {}
/* 聚焦狀態下的單選框樣式 */
:focus + .cs-checkbox {}
/* 禁用狀態下的單選框樣式 */
:disabled + .cs-checkbox {}
```

其中，選中狀態打勾的圖形可以使用相鄰兩側邊框外加 45°旋轉實現，圖 9-24 展示的就是最終實現的核取方塊的狀態效果截圖。

複選項

複選項disabled

複選項checked ＋disabled

▲ 圖 9-24　最終實現的核取方塊的不同狀態效果截圖

線上觀看範例：

https://demo.cssworld.cn/selector/9/2-3.php

(2)　開關效果

圖 9-25 是一個常見的開關效果，其本質上就是一個核取方塊，分為打開和關閉兩個狀態。

普通狀態

選中狀態

禁用狀態

選中禁用狀態

▲ 圖 9-25　開關按鈕的各個狀態效果

開關效果的實現原理和自訂核取方塊類似，其 HTML 代碼如下：

```
<-- 核取方塊，寫在前面 -->
<input type="checkbox" id="switch">
<-- label 元素類比開關狀態 -->
<label class="cs-switch" for="switch"></label>
```

CSS 如下（圖形繪製細節略）：

```
[type="checkbox"] {
  width: 44px; height: 26px;
  position: absolute;
  opacity: 0; margin: 0;
```

```
    cursor: pointer;
}
/* 開關樣式 */
.cs-switch {}
/* 按下狀態 */
:active:not(:disabled) + .cs-switch {}
/* 選中狀態 */
:checked + .cs-switch {}
/* 鍵盤聚焦狀態 */
:focus-visible + .cs-switch {}
/* 禁用狀態 */
:disabled + .cs-switch {}
```

線上觀看範例：

https://demo.cssworld.cn/selector/9/2-4.php

　　仔細觀察上面展示的自訂單核取方塊效果和開關按鈕效果的原生單核取方塊相關的 CSS 源碼，會發現採用的是設置單核取方塊的透明度為 0 並覆蓋其他元素的方法實現的。但這樣的實現方法有一個不足，即不同類比元素的尺寸是不一樣的，所以這種覆蓋方法的 CSS 代碼無法在全域一次性設置，並非完美，除非外面包裹一層容器，百分之百覆蓋，但這樣增加了 DOM 複雜度。

　　所以，我的實際開發建議有以下幾條。

- 如果你開發的是移動端專案，設置透明度為 0 並覆蓋其他元素的方法是上上之選，那就委屈點 HTML，讓元素單核取方塊和類比元素一起包裹在一個祖先容器中。設置祖先容器 position:relative，這樣就可以實現單選框核取方塊隱藏代碼整站通用，CSS 如下：

```
[type="checkbox"],
[type="radio"] {
    position: absolute;
    left: 0; top: 0;
    width: 100%; height: 100%;
    opacity: 0; margin: 0;
}
```

- 如果你開發的是桌面端傳統網頁，用戶群對外且廣泛，則可以使用下面整站通用的隱藏方法：

```
[type="checkbox"],
[type="radio"] {
    position: absolute;
    clip: rect(0 0 0 0);
}
```

- 如果你開發的是中後臺管理系統或者內部實驗性質專案，這些專案不需要什麼無障礙訪問支援，則 CSS 都不需要，在寫單核取方塊代碼時直接加一個 hidden 屬性隱藏就可以了，例如對於開關按鈕效果，其 HTML 代碼如下：

```
<-- 核取方塊，hidden 隱藏 -->
<input type="checkbox" id="switch" hidden>
<-- label 元素類比開關狀態 -->
<label class="cs-switch" for="switch"></label>
```

:focus 狀態樣式也可以省掉。

所以，大家可以根據自己的實際專案場景，選擇最合適的實現方法。

(3) 標籤 / 列表 / 素材的選擇

選擇標籤 / 列表 / 素材這類交互比較隱蔽，因為長相和單核取方塊的差異很大，很多開發者通常想不到使用單核取方塊匹配技術來實現。實際上，無論是單選還是多選，無論是選擇標籤還是選擇圖案，都可以借助 :checked 虛擬類別純 CSS 實現。

例如，一個常見的標籤選擇功能 —— 新使用者第一次使用某產品的時候會讓使用者選擇自己感興趣的話題，這本質上就是一些核取方塊，於是我們只需要將 <label> 作為標籤元素，再通過 for 屬性和隱藏的核取方塊產生關聯就可以實現我們想要的交互效果了，HTML 如下：

```
<input type="checkbox" id="topic1">
<label for="topic1" class="cs-topic">科技 </label>
<input type="checkbox" id="topic2">
<label for="topic2" class="cs-topic"> 體育 </label>
...
```

CSS 實現原理如下：

```
/* 默認 */
.cs-topic {
    border: 1px solid silver;
}
/* 標籤元素選中後 */
:checked + .cs-topic {
    border-color: deepskyblue;
    background-color: azure;
}
```

可以實現類似圖 9-26 所示的效果。

| 科技 | 體育 | 軍事 | 娛樂 |
|------|------|------|------|
| 動漫 | 音樂 | 電影 | 生活 |

▲ 圖 9-26　標籤元素預設狀態和選中狀態實現效果

這種基於 [type="checkbox"] 元素的實現除了實現簡單外，還有另外一個好處就是，在我們想知道哪些元素被選中的時候，無須一個一個去遍歷，直接利用 <form> 元素內置的或 JavaScript 框架內置的表單序列化方法進行提交就可以了。

不僅如此，配合 CSS 計數器，我們還可以不使用 JavaScript 而直接顯示選中的標籤元素的個數，代碼示意如下：

```
<p> 您已選擇 <span class="cs-topic-counter"></span> 個話題。</p>
body {
    counter-reset: topicCounter;
}
:checked + .cs-topic {
    counter-increment: topicCounter;
}
.cs-topic-counter::before {
    content: counter(topicCounter);
}
```

效果如圖 9-27 所示。

請選擇你感興趣的話題：

| | | | |
|---|---|---|---|
| 科技 | 體育 | 軍事 | 娛樂 |
| 動漫 | 音樂 | 電影 | 生活 |

您已選擇3個話題。

▲ 圖 9-27　CSS 計數器顯示選中標籤元素個數

線上觀看範例：

https://demo.cssworld.cn/selector/9/2-5.php

　　接下來我們再看一個直接選擇圖像的例子，這類場景也很常見，如圖像識別驗證碼的選擇 [3] 或者圖像素材的選擇，它們的實現是類似的。

　　圖 9-28 給出的是一個壁紙素材的選擇效果，其本質上就是一個單選框選項，於是，我們可以借助 [type="radio"] 元素和 :checked 虛擬類別實現。

請選擇壁紙：

▲ 圖 9-28　壁紙素材的選擇效果

---

3　比較經典的圖像識別驗證碼就是在一系列圖片中選擇包含公車的圖片。

HTML 結構如下：

```
<input type="radio" id="wallpaper1" name="wallpaper" checked>
<label for="wallpaper1" class="cs-wallpaper">
   <img src=»1.jpg» class=»cs-wallpaper-img»>
</label>
<input type="radio" id="wallpaper2" name="wallpaper">
<label for="wallpaper2" class="cs-wallpaper">
   <img src=»2.jpg» class=»cs-wallpaper-img»>
</label>
...
```

CSS 實現原理如下：

```
/* 默認 */
.cs-wallpaper {
   display: inline-block;
   position: relative;
}
/* 選中後顯示邊框 */
:checked + .cs-wallpaper::before {
   content: «»;
   position: absolute;
   left: 0; right: 0; top: 0; bottom: 0;
   border: 2px solid deepskyblue;
}
```

線上觀看範例：

https://demo.cssworld.cn/selector/9/2-5.php

## 9-2-2　不確定值虛擬類別 :indeterminate

核取方塊元素除了選中和沒選中的狀態外，還有半選狀態，半選狀態多用在包含全選功能的列表中。沒有原生的 HTML 屬性可以設置半選狀態，半選狀態只能通過 JavaScript 進行設置，這一點和全選不一樣（全選有 checked 屬性）。

```
// 設置 checkbox 元素為半選狀態
checkbox.indeterminate = true;
```

:indeterminate 虛擬類別顧名思義就是「不確定虛擬類別」，由於平常只在核取方塊中有應用，因此很多人會誤認為 :indeterminate 虛擬類別只可以匹配核取方塊，但實際上還可以匹配單選框和進度條元素 <progress>。

下面我們一起看一下 :indeterminate 虛擬類別在這 3 類元素中的表現。

## 1 · :indeterminate 虛擬類別與核取方塊

不同瀏覽器下核取方塊的半選狀態的樣式是不一樣的，Chrome 瀏覽器下是短橫線，Firefox 瀏覽器下是藍色漸變大方塊，IE 瀏覽器下則是黑色小方塊。由於使用 Chrome 瀏覽器的用戶占比最大，因此如果大家想要借助原生核取方塊元素自訂核取方塊的半選狀態，我個人推薦使用 Chrome 瀏覽器的短橫線樣式效果。

短橫線的形狀就是一個矩形小方塊，它的實現很簡單，CSS 示意如下：

```css
:indeterminate + .cs-checkbox::before {
    content: '';
    display: block;
    width: 8px;
    border-bottom: 2px solid;
    margin: 7px auto 0;
}
```

線上觀看範例：

https://demo.cssworld.cn/selector/9/2-6.php

最終類比的核取方塊半選狀態的對比效果如圖 9-29 所示。

1.原生複選框

| ⊟ | 第1列 | 第2列 |
|---|---|---|
| ☑ | 數據1-1 | 數據1-2 |
| ☐ | 數據2-1 | 數據2-2 |
| ☑ | 數據3-1 | 數據3-2 |

2.自定義複選框

| − | 第1列 | 第2列 |
|---|---|---|
| ✓ | 數據1-1 | 數據1-2 |
| ☐ | 數據2-1 | 數據2-2 |
| ✓ | 數據3-1 | 數據3-2 |

▲ 圖 9-29　Chrome 瀏覽器下核取方塊原生半選和自訂半選效果對比

核取方塊元素的半選虛擬類別 :indeterminate 從 IE9 瀏覽器就開始支援了，因此可以放心使用。

## 2 · :indeterminate 虛擬類別與單選框

對於單選框元素，當所有 name 屬性值一樣的單選框都沒有被選中的時候會匹配 :indeterminate 虛擬類別；如果單選框元素沒有設置 name 屬性值，則其自身沒有被選中的時候也會匹配 :indeterminate 虛擬類別。

例如：

```
:indeterminate + label {
    background: skyblue;
}
<input type="radio" name="radio"><label> 文案 1</label>
<input type="radio" name="radio"><label> 文案 2</label>
<input type="radio" name="radio"><label> 文案 3</label>
<input type="radio" name="radio"><label> 文案 4</label>
```

此時總共有 4 個 name 屬性值都是 radio 的單選框，默認沒有一個被選中，此時這 4 個單選框都匹配 :indeterminate 虛擬類別，<label> 元素的背景色表現為天藍色，如圖 9-30 所示。

▲ 圖 9-30　全部單選框匹配 :indeterminate 虛擬類別

接下來，只要任意一個單選框被選中，所有單選框元素都會丟失對 :indeterminate 虛擬類別的匹配，文案後面的背景色消失，如圖 9-31 所示。

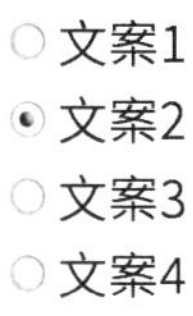

▲ 圖 9-31　全部單選框失去對 :indeterminate 虛擬類別的匹配

這個虛擬類別可以用來提示使用者尚未選擇任何單選項，如果使用者有選中單選項，則提示自動消失，示意代碼如下：

```
:indeterminate ~ .cs-valid-tips::before {
    content: «您尚未選擇任何選項 ";
    color: red;
    font-size: 87.5%;
}
```

為排除干擾，方便學習，這裡只展現核心 HTML：

```
<input type="radio" id="radio1" name="radio">
<label for="radio1"> 單選項 1</label>
<input type="radio" id="radio2" name="radio">
<label for="radio2"> 單選項 2</label>
<input type="radio" id="radio3" name="radio">
<label for="radio3"> 單選項 3</label>
<-- 這裡顯示提示資訊 -->
<p class="cs-valid-tips"></p>
```

使用者尚未選擇選項時的樣式如圖 9-32 所示。選擇完後，紅色的提示文案消失，如圖 9-33 所示。

◯ 單選項1
◯ 單選項2
◯ 單選項3

您尚未選擇任何選項

◯ 單選項1
　 單選項2
◯ 單選項3

▲ 圖 9-32　未選中任何選項時出現提示文案　　▲ 圖 9-33　選中選項後提示文案自動消失

線上觀看範例：

https://demo.cssworld.cn/selector/9/2-7.php

　　但單選框元素的 :indeterminate 虛擬類別匹配有一個缺陷，那就是 IE 瀏覽器（包括 Edge）並不支援，使用時需要注意相容性問題。

### 3‧:indeterminate 虛擬類別與 progress 元素

　　對於 <progress> 元素，當沒有設置值的時候，它會匹配 :indeterminate 虛擬類別。例如：

```
progress:indeterminate {
  background-color: deepskyblue;
  box-shadow: 0 0 0 2px black;
}
```

　　結果，下面兩段 HTML 的表現就出現了差異：

```
<progress min="1" max="100"></progress>
<progress min="1" max="100" value="50"></progress>
```

　　圖 9-34 展示的是上述代碼在 Firefox 瀏覽器下的表現。可以看到，沒有設置 value 屬性值的 <progress> 元素匹配了 :indeterminate 虛擬類別，而設置了 value 屬性值的 <progress> 元素則沒有匹配 :indeterminate 虛擬類別。

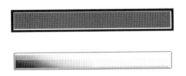

▲ 圖 9-34　不確定狀態與 <progress> 元素匹配示意

　　<progress> 元素的 :indeterminate 虛擬類別匹配是從 IE10 瀏覽器開始支持的。

## 9-3 輸入值驗證

　　本節介紹的眾多虛擬類別是與表單元素的驗證相關的，熟練掌握它們可以簡化我們的開發，因為輸入值的合法性驗證判斷直接交給了瀏覽器。

輸入值驗證這類虛擬類別是隨著 HTML5 表單新特性一起產生的，HTML5 表單新特性有很多，包括新增的 required 和 pattern 等驗證相關屬性，以及 min 和 max 等範圍相關屬性。

HTML5 表單新特性從 IE10 瀏覽器才開始支持，因此這些輸入值驗證虛擬類別的相容性都要在 IE10 及以上版本的瀏覽器中才受支持，目前只能應用於在相容性要求不高的專案中。

## 9-3-1　有效性驗證虛擬類別 :valid 和 :invalid

先看一段 HTML：

```
驗證碼：<input required pattern="\w{4,6}">
```

這是一個驗證碼輸入框，這個輸入框必填，同時要求驗證碼為 4 ～ 6 個常規字元。現在有如下 CSS：

```css
input:valid {
   background-color: green;
   color: #fff;
}
input:invalid {
   border: 2px solid red;
}
```

則預設狀態下，由於輸入框中沒有值，這與 required 必填驗證不符，將觸發 :invalid 虛擬類別匹配，輸入框表現為 2px 大小的紅色邊框，如圖 9-35 所示。

如果我們在輸入框中輸入任意 4 個數位，匹配 pattern 屬性值中的規則運算式，則會觸發 :valid 虛擬類別匹配，輸入框的背景色表現為綠色，如圖 9-36 所示。

驗證碼：[                    ]

▲ 圖 9-35　:invalid 虛擬類別匹配下的紅色邊框

驗證碼：9527

▲ 圖 9-36　:valid 虛擬類別匹配下的綠色背景

　　以上就是 :valid 虛擬類別和 :invalid 虛擬類別的作用，乍看它們好像還滿實用的，但實際上這兩個特性並沒有想像中那麼好用，因為 :valid 虛擬類別的匹配頁面一載入就會被觸發，這對用戶而言其實是不友好的。舉個例子，使用者剛進入一個登錄介面，還沒進行任何操作，就顯示大大的紅色警告，你輸入不合法，是會嚇到用戶的。

　　基於以上的原因，現在新出了一個 :user-invalid 虛擬類別，它需要使用者的交互才觸發匹配，不過目前 :user-invalid 虛擬類別的規範還沒有完全成熟，瀏覽器尚未支持，無法使用。但沒關係，我們可以輔助 JavaScript 優化 :invalid 虛擬類別的驗證體驗。

　　請看下面這個可以實際開發應用的案例，其 HTML 如下：

```
<form id="csForm" novalidate>
    <p>
        驗證碼:<input class="cs-input" placeholder=" " required pattern="\
w{4,6}">
        <span class=»cs-valid-tips»></span>
    </p>
    <input type=»submit» value=» 提交 ">
</form>
```

　　上述案例的實現邏輯為：默認不開啟驗證，當用戶產生提交表單的行為後，通過給表單元素添加特定類名，觸發瀏覽器內置驗證開啟，同時借助 :placeholder-shown 虛擬類別細化提示文案。

　　JavaScript 示意代碼如下：

```
csForm.addEventListener('submit', function (event) {
    this.classList.add(«valid»);
    event.preventDefault();
});
```

　　CSS 如下：

```
.cs-input {
    border: 1px solid gray;
}
```

```
/* 驗證不合法時邊框為紅色 */
.valid .cs-input:invalid {
   border-color: red;
}
/* 驗證全部通過標記 */
.valid .cs-input:valid + .cs-valid-tips::before {
   content: « √ »;
   color: green;
}
/* 驗證不合法提示 */
.valid .cs-input:invalid + .cs-valid-tips::before {
   content: « 不符合要求 ";
   color: red;
}
/* 空值提示 */
.valid .cs-input:placeholder-shown + .cs-valid-tips::before {
   content: « 尚未輸入值 ";
}
```

於是可以看到圖 9-37 所示的一系列狀態變化。

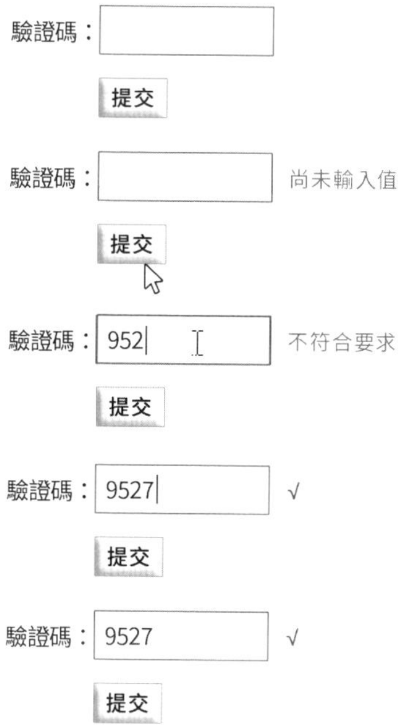

▲ 圖 9-37 :invalid 虛擬類別驗證各種狀態效果示意

這個驗證過程和狀態變化都沒有 JavaScript 的參與，JavaScript 的唯一作用就是賦予一個開始驗證的標誌量類名。

線上觀看範例：

https://demo.cssworld.cn/selector/9/3-1.php

有人可能會產生疑問：如何才能知道所有表單元素都驗證通過呢？可以使用 <form> 元素原生的 checkValidity() 方法，返回整個表單是否驗證通過的布林值。

```
csForm.addEventListener('submit', function (event) {
    this.classList.add('valid');
    // 判斷表單全部驗證通過
    if (this.checkValidity && this.checkValidity() == true) {
        console.log('表單驗證通過 ');
        // 這裡可以執行表單 ajax 提交了
    }
    event.preventDefault();
});
```

另外，如果希望表單元素的驗證效果是即時的，而非表單提交後再驗證，給 <form> 元素綁定 'input' 輸入事件，並給對應的 target 物件設置啟動 CSS 驗證標誌量即可。例如：

```
csForm.addEventListener('input', function (event) {
    event.target.classList.add('valid');
});
```

IE 瀏覽器有一個嚴重的渲染 bug，對於輸入框元素，:invalid 等虛擬類別只會即時匹配輸入框元素自身，而輸入框後面的兄弟元素樣式不會重繪，於是我們會發現，明明輸入的值已經合法了，輸入框的紅色邊框也消失了，但是輸入框後面的錯誤提示文字卻一直存在，如圖 9-38 所示。

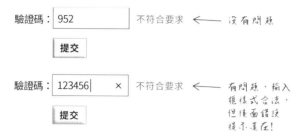

▲ 圖 9-38　IE 渲染 bug 示意

　　IE 瀏覽器下這類重繪 bug 屢見不鮮，但修復方法很簡單，觸發重繪即可。可以改變父元素的樣式，或者設置無關緊要的類名，下面是我寫的補丁，將它放在頁面的任意位置即可：

```
// IE 觸發重繪的補丁
if (typeof document.msHidden != 'undefined' || !history.pushState) {
    document.addEventListener(‹input›, function (event) {
        if (event.target && /^input|textarea$/i.test(event.target.tagName)) {
            event.target.parentElement.className = event.target.
parentElement.className;
        }
    });
}
```

　　圖 9-39 展示的就是放置了修復補丁後的渲染效果，可以看到輸入框的值合法時，輸入框後面的提示資訊同步變化了。

▲ 圖 9-39　修復 IE 渲染 bug 後的效果示意

　　最後一個地方就是 :invalid 虛擬類別還可以直接匹配 <form> 元素。例如：

```
form::invalid {
    outline: 1px solid red;
}
```

但是 IE 瀏覽器並不支援 <form> 元素匹配 :invalid 虛擬類別。

另外，:valid 和 :invalid 虛擬類別還可以用來區分 IE10 及其以上版本的瀏覽器。

```
.cs-cl { /* IE9 及 IE9- */ }
.cs-cl, div:valid { /* IE10 及 IE10+ */}
```

## 9-3-2　範圍驗證虛擬類別 :in-range 和 :out-of-range

:in-range 和 :out-of-range 虛擬類別與 min 屬性和 max 屬性密切相關，因此這兩個虛擬類別常用來匹配 'number' 類型的輸入框或 'range' 類型的輸入框。例如：

```
<input type="number" min="1" max="100">
<input type="range" min="1" max="100">
```

即輸入框的最小值是 1，最大值是 100。此時，如果輸入框的值不在這個範圍，則會匹配 :out-of-range 虛擬類別；如果輸入框的值在這個範圍內，則匹配 :in-range 虛擬類別，測試 CSS 如下：

```
input:in-range { outline: 2px dashed green; }
input:out-of-range { outline: 2px solid red; }
```

此時輸入框的輪廓為綠色虛框，如圖 9-40 所示。

▲ 圖 9-40　虛線輪廓截圖示意

如果我們使用 JavaScript 改變輸入框的值為 200（超過 max 屬性的限制值），或者直接設置 value 屬性值為 200，如下：

```
<input type="number" min="1" max="100" value="200">
<input type="range" min="1" max="100" value="200">
```

則最終的輸入框表現為：number 類型的輸入框匹配 :out-of-range 虛擬類別而表現為紅色實線輪廓，而 range 類型的輸入框依然是綠色虛框，如圖 9-41 所示。

▲ 圖 9-41　實線輪廓和虛線輪廓截圖示意

這是因為瀏覽器對 range 類型的輸入框自動做了區域範圍限制（因為涉及滑桿的定位），無論是 Chrome 瀏覽器還是 Firefox 瀏覽器，都是這種表現。例如：

```
range.value = 200;
// 輸出結果是 '100'
console.log(range.value);
```

因此，實際開發的時候，並不存在需要使用範圍驗證虛擬類別匹配 range 類型輸入框的場景，因為範圍驗證虛擬類別一定會匹配。有使用必要的場景包括數值輸入框和時間相關輸入框，如下：

```
<!-- 數值類型 -->
<input type="number">
<!-- 時間類型 -->
<input type="date">
<input type="datetime-local">
<input type="month">
<input type="week">
<input type="time">
```

如果這類輸入框沒有 min 屬性和 max 屬性的限制，則 :in-range 虛擬類別和 out-of-range 虛擬類別都不會匹配。但 Chrome 瀏覽器下有一個特殊，那就是如果 value 屬性值的類型和指定的 type 屬性值的類型不匹配，這個輸入框居然也會匹配 :in-range 虛擬類別。例如：

```
<input type="number" value="a">
```

匹配證據如圖 9-42 所示。

```
▶<input id="number" type="number"
value="a">…</input> == $0        input:in-range {
  </p>                             outline:▶ 2px dashed ■ green;
```

▲ 圖 9-42　不合法屬性值依然匹配 :in-range 虛擬類別證據

不過實際開發中，很少使用 :in-range 虛擬類別，而 :out-of-range 虛擬類別的使用較多，同時大家也不會故意設置不合法的數值，因此這種細節瞭解即可。

此外，:out-of-range 虛擬類別還可以配合 :invalid 虛擬類別驗證細化我們輸入框出錯時的提示資訊。例如：

```
.valid .cs-input:out-of-range + .cs-valid-tips::before {
   content: « 超出範圍限制 ";
   color: red;
}
```

注意，IE 瀏覽器不支持 :in-range 虛擬類別和 :out-of-range 虛擬類別。

## 9-3-3　可選性虛擬類別 :required 和 :optional

:required 虛擬類別用來匹配設置了 required 屬性的表單元素，表示這個表單元素必填或者必寫。例如：

```
<input required>
<select required>
   <option value=»»> 請選擇 </option>
   <option value=»1»> 選項 1</option>
   <option value=»2»> 選項 2</option>
</select>
<input type="radio" required>
<input type="checkbox" required>
```

以上 4 個表單元素均可以匹配 :required 虛擬類別。例如：

```
:required {
   box-shadow: 0 0 0 2px green;
}
```

結果都呈現出了綠色的線框，如圖 9-43 所示。

▲ 圖 9-43　:required 虛擬類別匹配示意

:optional 虛擬類別可以看成是 :required 虛擬類別的對立面，只要表單元素沒有設置 required 屬性，都可以匹配 :optional 虛擬類別，甚至 <button> 按鈕也可以匹配。例如：

```
:optional {
   box-shadow: 0 0 0 2px red;
}
<button> 按鈕 </button>
<input type="submit" value=" 按鈕 ">
```

這兩種寫法的按鈕元素都呈現出紅色的線框，如圖 9-44 所示。

▲ 圖 9-44　:optional 虛擬類別匹配示意

還值得一提的是單選框元素的 :required 虛擬類別匹配。雖然單選框元素的 :required 虛擬類別匹配和 :invalid 虛擬類別匹配機制有巨大差異，但很多人會誤認為它們是一樣的。

對於 :invalid 虛擬類別，只要其中一個單選框設置了 required 屬性，整個單選框組中的所有單選框元素都會匹配 :invalid 虛擬類別，這會導致同時驗證通過或驗證不通過；但是，如果是 :required 虛擬類別，則只會匹配設置了 required 屬性的單選框元素。用範例說話：

```
[type="radio"]:required {
    box-shadow: 0 0 0 2px deepskyblue;
}
[type="radio"]:invalid {
    outline: 2px dashed red;
    outline-offset: 4px;
}
<input type="radio" name="required" required>
<input type="radio" name="required">
<input type="radio" name="required">
<input type="radio" name="required">
```

結果第一個設置了 required 屬性的單選框有兩層輪廓，其他只匹配 :invalid 虛擬類別的單選框只有一層輪廓，如圖 9-45 所示。

▲ 圖 9-45　單選框組匹配 :required 虛擬類別和 :invalid 虛擬類別的差異

**實際應用**

長久以來，輸入框是必填還是可選的，樣式上沒有區別，只有禁用狀態才有，我們通常的做法都是使用額外的字元進行標記。

例如使用一個紅色星號標記該輸入框是必填的，或者直接使用中文「可選」來標記這個輸入框是可以不填的，因此，實際開發中，:required 虛擬類別和 :optional 虛擬類別，都是通過兄弟選擇器控制兄弟元素的樣式，來標記表單元素的可選性。

例如，圖 9-46 所示的就是一個調查問卷佈局的最終實現效果，可以看到每個問題的標題的最後都標記了必選還是可選，這些標記的文案是 CSS 根據 HTML 表單元素設置的屬性自動生成的。

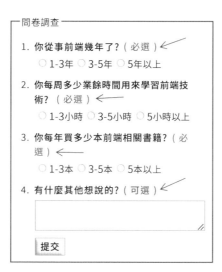

▲ 圖 9-46　純 CSS 標記「必選」還是「可選」案例截圖

相關實現頗有技術含量，大家可以耐心看看代碼，説不定可以學到很多其他 CSS 技術。

首先是 HTML 部分，和傳統實現不同，我們需要把標題元素放在表單元素的後面，這樣才能使用兄弟選擇器進行控制，具體如下：

```
<form>
    <fieldset>
      <legend> 問卷調查 </legend>
      <ol class=»cs-ques-ul»>
        <li class=»cs-ques-li»>
          <input type=»radio» name=»ques1» required>1-3 年
          <input type=»radio» name=»ques1»>3-5 年
          <input type=»radio» name=»ques1»>5 年以上
          <!-- 標題放在後面 -->
          <h4 class=»cs-caption»> 你從事前端幾年了？</h4>
        </li>
        ...
        <li class=»cs-ques-li»>
          <textarea></textarea>
          <!-- 標題放在後面 -->
          <h4 class=»cs-caption»> 有什麼其他想説的？</h4>
        </li>
```

```
    </ol>
    <p><input type=»submit» value=» 提交 "></p>
  </fieldset>
</form>
```

　　高能的 CSS 來了，考驗佈局能力的時候到了，如何讓在後面的 .cs-caption
元素在上面顯示呢？由於這裡標籤受限，因此，使用 Flex 佈局有些困難。實際上
有一個 IE8 瀏覽器也支持的 CSS 聲明可以改變 DOM 元素的上下呈現位置，這個
CSS 聲明就是 display:table- caption，CSS 如下：

```
.cs-ques-li {
  display: table;
  width: 100%;
}
.cs-caption {
  display: table-caption;
  /* 標題顯示在上方 */
  caption-side: top;
}
```

　　由於 <li> 元素設置了 display:table，重置了瀏覽器內置的 display:list-item，因
此，清單前面的數位序號就無法顯示，但沒關係，我們可以借助 CSS 計數器重現
序號匹配，這也是從 IE8 瀏覽器就開始支持的，代碼如下：

```
.cs-ques-ul {
  counter-reset: quesIndex;
}
.cs-ques-li::before {
  counter-increment: quesIndex;
  content: counter(quesIndex) «.»;
  /* 序號定位 */
  position: absolute; top: -.75em;
  margin: 0 0 0 -20px;
}
```

　　最後就很簡單了，基於 :optional 虛擬類別和 :required 虛擬類別在 .cs-caption
元素最後標記可行性。CSS 如下：

```
:optional ~ .cs-caption::after {
   content: "（可選）";
   color: gray;
}
:required ~ .cs-caption::after {
   content: "（必選）";
   color: red;
}
```

可見，借助 3 個 CSS 高級技巧實現了我們的可選性自動標記效果，以後要想修改可選性，只需要修改表單元素的 required 屬性即可，文案資訊自動同步，維護更簡單。

完整 CSS 如下：

```
/* 標題在上方顯示 */
.cs-ques-li {
   display: table;
   width: 100%;
}
.cs-caption {
   display: table-caption;
   caption-side: top;
}
/* 自訂列表序號 */
.cs-ques-ul {
   counter-reset: quesIndex;
}
.cs-ques-li {
   position: relative;
}
.cs-ques-li::before {
   counter-increment: quesIndex;
   content: counter(quesIndex) ".";
   position: absolute; top: -.75em;
   margin: 0 0 0 -20px;
}
/* 顯示對應的可選性文案與顏色 */
:optional ~ .cs-caption::after {
   content: "（可選）";
```

```
    color: gray;
}
:required ~ .cs-caption::after {
    content: «（必選）";
    color: red;
}
```

線上觀看範例：

https://demo.cssworld.cn/selector/9/3-2.php

## 9-3-4　用戶交互虛擬類別 :user-invalid 和空值虛擬類別 :blank

　　:user-invalid 虛擬類別和 :blank 虛擬類別是非常新且尚未成熟的虛擬類別，這裡就簡單帶過。

　　:user-invalid 虛擬類別用於匹配使用者輸入不正確的元素，但只有在使用者與它進行了顯著交互之後才進行匹配。:user-invalid 虛擬類別必須在用戶嘗試提交表單和使用者再次與表單元素交互之前匹配。目前瀏覽器實現存疑，實際開發請使用 :valid 虛擬類別和 JavaScript 代碼配合實現。

　　:blank 虛擬類別的規範也是多變的，一開始是可以匹配空標籤元素（可以有空格），現在變成匹配沒有輸入值的表單元素。等這個虛擬類別成熟後，我將再對其進行介紹。如果想要匹配空值表單元素，請使用 :placeholder-shown 虛擬類別代替（設置 placeholder 屬性值為空格）。

# Chapter 10 | 樹結構虛擬類別

本章將介紹 DOM 樹結構查詢虛擬類別，這類虛擬類別雖然名為虛擬類別，但行為上更接近于普通選擇器。本章中出現的虛擬類別的使用頻率可能會有差異，但這些虛擬類別都是很實用的。

本章介紹的所有虛擬類別 IE9 及以上版本的瀏覽器都是支援的，成熟且特性穩定，可以放心使用。

## 10-1 :root 虛擬類別

:root 虛擬類別表示文檔根項目，IE9 及以上版本的瀏覽器支持該虛擬類別。

### 10-1-1 :root 虛擬類別和 \<html> 元素

在 XHTML 或者 HTML 頁面中，:root 虛擬類別表示的就是 \<html> 元素。

這很好證明，給 \<html> 元素加一個類名，如下：

```
<html class="html"></html>
```

此時，設置一個背景色就可以看到整個頁面的背景色變成天藍色了：

```
:root.html { background: skyblue; }
```

或者直接使用 html 標籤也可以證明：

```
html:root { background: skyblue; }
```

那麼問題來了，html 標籤選擇器也匹配 \<html> 元素，那這兩個選擇器有什麼區別嗎？

區別肯定是有的：首先，:root 虛擬類別的優先順序更高，畢竟虛擬類別的優先順序比標籤選擇器的優先順序要高一個層級；其次，對於 :root，IE9 及以上版本的瀏覽器才支援，它的相容性略遜於 html 標籤選擇器；最後，:root 指所有 XML 格式文檔的根項目，XHTML 文檔只是其中一種。例如，在 SVG 中，:root 就不等同於 html 標籤了，而是其他標籤。

在 Shadow DOM 中雖然也有根的概念（稱為 shadowRoot），但並不能匹配 :root 虛擬類別，也就是在 Shadow DOM 中，:root 虛擬類別是無效的，應該使用專門為此場景設計的 :host 虛擬類別。

## 10-1-2　:root 虛擬類別的應用場景

由於 html 標籤選擇器的相容性更好，優先順序更低，因此日常開發中沒有必要使用 :root 虛擬類別，直接使用 html 標籤選擇器即可。

但下面要介紹的這兩個開發場景則更推薦使用 :root 虛擬類別。

### 1・捲軸出現頁面不跳動

桌面端網頁的主體內容多採用水準居中佈局，類似下面這樣（取自 2019 年的淘寶首頁）：

```
.layer {
    width: 1190px;
    margin: 0 auto;
}
```

則頁面載入或者交互變化導致頁面高度超過一屏的時候，頁面就會有一個從無捲軸到有捲軸的變化過程。而在 Windows 系統下，所有瀏覽器的默認捲軸都佔據 17px 寬度，捲軸的出現必然導致頁面的可用寬度變小，需要重新計算主體模組的居中定位，導致內容發生偏移，頁面會突然跳動，體驗很不好。

常見做法是下面這樣的：

```
html {
    overflow-y: scroll;
}
```

但這會讓高度不足一屏的頁面的右側也顯示捲軸的軌道，並不完美。

還有一種方法是外部再嵌套一層 `<div>` 元素，再設置

```
.layer-outer {
    margin-left: calc(100vw - 100%);
}
```

　　或者

```
.layer-outer {
    padding-left: calc(100vw - 100%);
}
```

100vw 是包含捲軸的寬度，100% 寬度的計算值不包含捲軸，所以 calc（100vw - 100%）的計算值就是頁面的捲軸寬度。這樣，.layer 的左右居中定位一定是絕對居中的。

不過這種方法還是有瑕疵，當瀏覽器寬度比較小的時候，左側留的白明顯比右邊多，這會有些奇怪，但這一點可以通過查詢語句進行優化：

```
@media screen and (min-width: 1190px) {
    .layer-outer {
        margin-left: calc(100vw - 100%);
    }
}
```

這種方法的另外一個不足就是需要調整 HTML 結構，一個網站有這麼多頁面，如果主體結構沒有公用，修改的成本很高。

現在，輪到另外一種更好的方法出場了：

```
/* IE8 */
html {
    overflow-y: scroll;
}
/* IE9+ */
:root {
    overflow-x: hidden;
```

```
}
:root body {
   position: absolute;
   width: 100vw;
   overflow: hidden;
}
```

上述 CSS 代碼做的事情很簡單，就是讓 IE8 瀏覽器使用舊的直接預留滾動區域的方法，IE9 及以上版本的瀏覽器直接讓居中定位計算寬度一直都不包含捲軸寬度，這樣就一定不會發生跳動。

因為 IE9 及以上版本的瀏覽器才支援 vw 單位，所以使用了 :root 虛擬類別，一方面正好對頁面捲軸進行設置，另一方面正好完美區分了 IE8 和 IE9 瀏覽器。

在這個 CSS 技巧中，:root 虛擬類別的性價比較高，比較適合使用。

## 2．CSS 變數

現代瀏覽器都已經支援了 CSS 自訂屬性（也就是 CSS 變數），其中有一些變數是全域的，如整站的顏色、主體佈局的尺寸等。對於這些變數，業界約定俗成，都將它們寫在 :root 虛擬類別中，雖然將它們寫在 html 標籤選擇器中也一樣。

之所以寫在 :root 虛擬類別中，是因為這樣做代碼的可讀性更好。同樣是根項目，html 選擇器負責樣式，:root 虛擬類別負責變數，這一點是約定俗成的，它們互相分離，各司其職。例如：

```
:root {
   /* 顏色變數 */
   --blue: #2486ff;
   --red: #f4615c;
   /* 尺寸變數 */
   --layerWidth: 1190px;
}
html {
   overflow: auto;
}
```

# 10-2 :empty 虛擬類別

先來了解一下 :empty 虛擬類別的基本匹配特性。

(1)　:empty 虛擬類別用來匹配空標籤元素。例如：

```
<div class="cs-empty"></div>
.cs-empty:empty {
    width: 120px;
    padding: 20px;
    border: 10px dashed;
}
```

此時，<div> 元素就會匹配 :empty 虛擬類別，呈現出虛線框，如圖 10-1 所示。

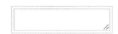

▲ 圖 10-1　<div> 元素匹配 :empty 虛擬類別呈現出虛線框

(2)　:empty 虛擬類別還可以匹配前後閉合的替換元素，如 <button> 元素和 <textarea> 元素。例如：

```
<textarea></textarea>
textarea:empty {
    border: 6px double deepskyblue;
}
```

在所有瀏覽器下都呈現為雙實線，如圖 10-2 所示。

▲ 圖 10-2　:empty 虛擬類別匹配 <textarea> 截圖

在 IE 瀏覽器下，<textarea> 元素的 :empty 虛擬類別匹配有一些非常奇怪的特性。

首先，如果輸入文字內容，則 IE 瀏覽器認為 <textarea> 元素並非空標籤，不會匹配 :empty 虛擬類別。例如，我隨便輸入「文字」，結果在 IE 瀏覽器下 <textarea> 元素的邊框樣式從雙實線還原成了初始狀態，如圖 10-3 所示。

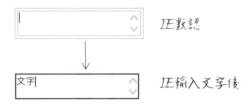

▲ 圖 10-3　IE 瀏覽器下輸入值的 <textarea> 不匹配 :empty 虛擬類別

其次，當 <textarea> 元素的 placeholder 屬性值顯示的時候，IE 瀏覽器也不會匹配 :empty 虛擬類別。例如，HTML 如下：

```
<textarea placeholder=" 請輸入姓名 "></textarea>
```

其交互狀態如圖 10-4 所示。

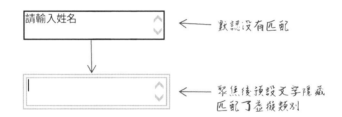

▲ 圖 10-4　IE 瀏覽器下顯示 placeholder 屬性值的 <textarea>
不匹配 :empty 虛擬類別

還記不記得我們在 9.1.3 節中曾借助 :placeholder-shown 虛擬類別判斷輸入框的值是否為空，這很好用，但是 IE 瀏覽器不相容。沒關係，對於 <textarea> 元素，IE 瀏覽器也有了空值匹配方法，那就是借助 :empty 虛擬類別。HTML 如下：

```
<textarea placeholder=" "></textarea><span></span>
```

CSS 代碼為：

```
/* IE 瀏覽器 */
textarea:not(:empty) + span::before {
    content: «√ ";
    color: green;
}
/* 其他瀏覽器 */
textarea:not(:placeholder-shown) + span::before {
    content: «√ ";
    color: green;
}
```

另外，IE 瀏覽器還需要觸發重繪的 JavaScript 代碼補丁，與 9.3.1 節中提到的補丁一模一樣，這裡不再重複展示了。

讀者可以手動輸入 https://demo.cssworld.cn/selector/10/2-1.php 親自體驗與學習。

當然，實際開發中還是直接使用 :invalid 虛擬類別更合適，這裡這種利用缺陷實現的技巧只能説它有趣但不能説它實用。

(3) :empty 虛擬類別還可以匹配非閉合元素，如 <input> 元素、<img> 元素和 <hr> 元素等。例如：

```
input:empty,
img:empty,
hr:empty {
    border: 6px double deepskyblue;
}
<input type="text" placeholder=" 請輸入姓名 ">
<img src="./1.jpg">
<hr>
```

在所有瀏覽器中的效果如圖 10-5 所示。

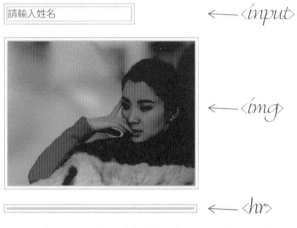

▲ 圖 10-5　非閉合元素匹配 :empty 虛擬類別

但實際開發中很少有需要使用 :empty 虛擬類別匹配非閉合元素的場景。

## 10-2-1　對 :empty 虛擬類別可能的誤解

什麼樣的元素可以匹配 :empty 虛擬類別？如果沒有深入研究，你大概會認為沒有任何子元素、不顯示任何內容的元素可以匹配 :empty 虛擬類別。但如果深入到細節，就會發現這種粗淺的理解會給我們帶來誤解。

### 1．:empty 虛擬類別與空格

如果問若元素內有注釋，是否可以匹配 :empty 虛擬類別？多數人會覺得不會匹配，這是完全正確的。例如：

```
<!-- 無法匹配 :empty 虛擬類別 -->
<div class=»cs-empty»><!-- 注釋 --></div>
```

但如果問若元素裡面有一個空格或者標籤有換行呢？這時很多人就會有錯誤的認識了。實際上，依然無法匹配 :empty 虛擬類別。例如，有以下幾種情況。

不能有空格：

```
<!-- 無法匹配 :empty 虛擬類別 -->
<div class="cs-empty">  </div>
```

不能有換行：

```
<!-- 無法匹配 :empty 虛擬類別 -->
<div class="cs-empty">
</div>
```

因此，實際開發的時候，如果遇到 :empty 虛擬類別無效的場景，要仔細查看 HTML 代碼，看看標籤內是否有空格或者換行。

:empty 虛擬類別忽略空格的特性不符合我們的直觀認知，W3C 官方也收集到了很多這樣的意見，所以在 CSS 選擇器 Level 4 規範中已經開始明確 :empty 虛擬類別可以匹配只有空格文本節點的元素，但是直到我寫本章的時候還沒有任何瀏覽器支持，因此，安全起見，實際開發大家還是按照無空格標準來進行。

Firefox 瀏覽器中有一個私有虛擬類別可以讓元素匹配空標籤元素或帶有空格的標籤元素，這個虛擬類別就是 :-moz-only-whitespace。例如：

```
.cs-empty:-moz-only-whitespace {
    border: 10px dotted;
}
```

是可以匹配下面的 HTML 的：

```
<!-- Firefox 可以匹配 :empty 虛擬類別 -->
<div class="cs-empty">  </div>
```

但畢竟 Firefox 瀏覽器市場份額有限，大家瞭解即可。

最後一點，沒有閉合標籤的閉合元素也無法匹配 :empty 虛擬類別，瀏覽器會自動補全 HTML 標籤。例如，段落元素可以直接寫成：

```
<p> 段落
<p> 段落
<p> 段落
```

這樣寫解析沒有任何問題。下面問題來了，如果標籤裡面沒有任何其他內容，例如：

```
<p class="cs-empty">
<p class="cs-other">
```

結果 .cs-empty 也無法匹配 :empty 虛擬類別：

```
<!-- .cs-empty無法匹配:empty 虛擬類別 -->
<p class="cs-empty">
<p class="cs-other">
```

因為瀏覽器自動補全的內容將一直延伸到下一個標籤元素的開頭，所以這裡的 .cs-empty 元素實際上包含了分行符號，等同於下面這種寫法：

```
<p class="cs-empty">
</p><p class="cs-other">
```

也可以使用 JavaScript 驗證上面的結論：

```
document.querySelector('.cs-empty').innerHTML
// 結果是回車符 ↵
```

因此，如果想要自動補全標籤匹配 :empty 虛擬類別，需要首尾相連，這樣：

```
<!-- .cs-empty可以匹配:empty 虛擬類別 -->
<p class="cs-empty"><p
class="cs-other">
```

## 2．:empty 虛擬類別與 ::before/::after 虛擬元素

::before 和 ::after 虛擬元素可以給標籤插入內容、圖形，但這會不會影響 :empty 虛擬類別的匹配呢？答案是：不會。例如：

```
.cs-empty::before {
   content: ' 我是一段文字 ';
}
.cs-empty:empty {
   border: 10px dotted deepskyblue;
}
```

```
<!-- 可以匹配 :empty 虛擬類別 -->
<div class="cs-empty"></div>
```

雖然我們在 .cs-empty 的元素內部插入了一段文本，但是瀏覽器依然按照 :empty 虛擬類別進行了渲染，如圖 10-6 所示。

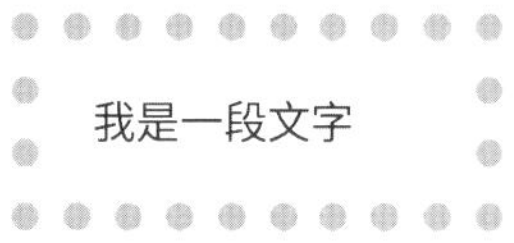

我是一段文字

▲ 圖 10-6　應用了 ::before 虛擬元素，但依然匹配 :empty 虛擬類別

這一特性非常實用。

## 10-2-2　超實用超高頻使用的 :empty 虛擬類別

無論是大專案還是小專案，它們一定都會用到 :empty 虛擬類別。主要有下面幾種場景。

### 1 · 隱藏空元素

例如，某個模組裡面的內容是動態的，可能是清單，也可能是按鈕，這些模組容器常包含影響佈局的 CSS 屬性，如 margin、padding 屬性等。當然，這些模組裡面有內容的時候，佈局顯示效果是非常好的，然而一旦這些模組裡面的內容為空，頁面上就會有一塊很大的明顯的空白，效果就不好，這種情況下使用 :empty 虛擬類別控制一下就再好不過了：

```
.cs-module:empty {
    display: none;
}
```

無須額外的 JavaScript 邏輯判斷，直接使用 CSS 就可以實現動態樣式效果，唯一需要注意的是，當清單內容缺失的時候，一定要把空格也去掉，否則 :empty 虛擬類別不會匹配。

## 2・欄位缺失智慧提示

例如，下面的 HTML：

```
<dl>
    <dt>姓名：</dt>
    <dd>張三</dd>
    <dt>性別：</dt>
    <dd></dd>
    <dt>手機：</dt>
    <dd></dd>
    <dt>郵件：</dt>
    <dd></dd>
</dl>
```

使用者的某些資訊欄位是缺失的，此時開發人員應該使用其他佔位字元示意這裡沒有內容，如短橫線（-）或者直接使用文字提示。但多年的開發經驗告訴我，開發人員非常容易忘記這裡的特殊處理，最終導致佈局混亂，資訊難懂。

```
/* <dd>為空佈局會混亂 */
dt {
    float: left;
}
```

不過現在，我們就不用擔心這樣的合作問題了。直接使用 CSS 就可以處理這種情況，代碼很簡單：

```
dd:empty::before {
    content: '暫無 ';
    color: gray;
}
```

此時欄位缺失後的佈局效果如圖 10-7 所示。

姓名: 張三
性別: 暫無
手機: 暫無
郵件: 暫無

▲ 圖 10-7　空欄位借助 :empty 虛擬類別和 ::before 虛擬元素佔位

　　可以看到，這樣的佈局效果良好，資訊清晰。存儲的是什麼資料內容，直接輸出什麼內容就可以，就算資料庫中存儲的是空字元也無須擔心。

　　實際開發中，類似的場景還有很多。例如，表格中的備註資訊經常都是空的，此時可以這樣處理：

```
td:empty::before {
    content: ‹-›;
    color: gray;
}
```

　　除此之外，還有一類典型場景需要用到 :empty 虛擬類別，那就是動態 Ajax 載入資料為空的情況。當一個新使用者進入一個產品的時候，很多模組內容是沒有的。要是在過去，我們需要在 JavaScript 代碼中做 if 判斷，如果沒有值，我們要吐出「沒有結果」或者「沒有資料」的資訊。但是現在，有了 :empty 虛擬類別，直接把這個工作交給 CSS 就可以了。例如：

```
.cs-search-module:empty::before {
    content: ‹ 沒有搜索結果 ';
    display: block;
    line-height: 300px;
    text-align: center;
    color: gray;
}
```

　　又如：

```
.cs-article-module:empty::before {
    content: ‹ 您還沒有發表任何文章 ';
    display: block;
    line-height: 300px;
    text-align: center;
    color: gray;
}
```

總之，這種方法非常好用，可以節約大量的開發時間，同時體驗更好，維護更方便，因為可以使用一個通用類名使整站提示資訊保持統一：

```
.cs-empty:empty::before {
    content: '暫無數據 ';
    display: block;
    line-height: 300px;
    text-align: center;
    color: gray;
}
```

## 10-3 子索引虛擬類別

本節要介紹的虛擬類別都是用來匹配子元素的，必須是獨立標籤的元素，文本節點、注釋節點是無法匹配的。

如果想要匹配文字，只有 ::first-line 和 ::first-letter 兩個虛擬元素可以實現，且只有部分 CSS 屬性可以應用，這裡不展開介紹。

### 10-3-1 :first-child 虛擬類別和 :last-child 虛擬類別

:first-child 虛擬類別可以匹配第一個子元素，:last-child 虛擬類別可以匹配最後一個子元素。例如：

```
ol > :first-child {
    font-weight: bold;
    color: deepskyblue;
}
ol > :last-child {
    font-style: italic;
    color: red;
}
<ol>
    <li>內容</li>
    <li>內容</li>
    <li>內容</li>
</ol>
```

結果第一項內容表現為天藍色加粗,最一項內容表現為傾斜紅色,如圖 10-8 所示。

1. 內容
**2. 內容**
*3. 內容*

▲ 圖 10-8　:first-child 和 :last-child 的基本作用示意

雖然 :first-child 和 :last-child 虛擬類別的含義首尾呼應,但這兩個虛擬類別並不是同時出現的,:first-child 的出現要早好多年,IE7 瀏覽器就開始支持,而 :last-child 虛擬類別是在 CSS3 時代出現的,IE9 瀏覽器才開始支持。因此,對於桌面端專案,在 :first-child 虛擬類別和 :last-child 虛擬類別都可以使用的情況下,優先使用 :first-child 虛擬類別。例如,若想列表上下都有 20px 的間距,則下面兩種實現都是可以的:

```
li {
    margin-top: 20px;
}
li:first-child {
    margin-top: 0;
}
li {
    margin-bottom: 20px;
}
li:last-child {
    margin-top: 0;
}
```

但建議優先使用第一種寫法。如果你的專案不需要相容 IE8 瀏覽器,我不推薦你使用後面一種寫法,建議使用 :not 虛擬類別(參見第 11 章),如:

```
li:not(:last-child) {
    margin-bottom: 20px;
}
```

## 10-3-2　:only-child 虛擬類別

　　:only-child 也是一個很有用的虛擬類別，尤其在處理動態資料的時候，可以省去很多寫 JavaScript 邏輯的成本。

　　我們先來看一下這個虛擬類別的基本含義，:only-child，顧名思義，就是匹配沒有任何兄弟元素的元素。例如，下面的 <p> 元素可以匹配 :only-child 虛擬類別，因為其前後沒有其他兄弟元素：

```
<div class="cs-confirm">
    <!-- 可以匹配 :only-child 虛擬類別 -->
    <p class=»cs-confirm-p»> 確定刪除該內容？</p>
</div>
```

　　另外，:only-child 虛擬類別在匹配的時候會忽略前後的文本內容。例如：

```
<button class="cs-button">
    <!-- 可以匹配 :only-child 虛擬類別 -->
    <i class=»icon icon-delete»></i> 刪除
</button>
```

　　雖然 .icon 元素後面有 " 刪除 " 文字，但由於沒有標籤嵌套，是匿名文本，因此不影響 .icon 元素匹配 :only-child 虛擬類別。

　　尤其需要使用 :only-child 的場景是動態場景，也就是某個固定小模組，根據場景的不同，裡面可能是一個子元素，也可能是多個子元素，元素個數不同，佈局方式也不同，此時就是 :only-child 虛擬類別大放異彩的時候。例如，某個載入（loading）模組裡面可能就只有一張載入圖片，也可能僅僅就是一段載入描述文字，也可能是載入圖片和載入文字同時出現，此時 :only-child 虛擬類別就非常好用。

　　HTML 示意如下：

```
<!-- 1. 只有載入圖片 -->
<div class="cs-loading">
    <img src=»./loading.png» class=»cs-loading-img»>
</div>
<!-- 2. 只有載入文字 -->
```

```html
<div class="cs-loading">
    <p class=»cs-loading-p»> 正在載入中 ... </p>
</div>
<!-- 3. 載入圖片和載入文字同時存在 -->
<div class="cs-loading">
    <img src=»./loading.png» class=»cs-loading-img»>
    <p class=»cs-loading-p»> 正在載入中 ... </p>
</div>
```

　　我們無須在父元素上專門指定額外的類名來控制不同狀態的樣式，直接活用 :only- child 虛擬類別就可以讓各種狀態下的佈局都良好：

```css
.cs-loading {
    height: 150px;
    position: relative;
    text-align: center;
    /* 與效果無關，截圖示意用 */
    border: 1px dotted;
}
/* 圖片和文字同時存在時在中間留點間距 */
.cs-loading-img {
    width: 32px; height: 32px;
    margin-top: 45px;
    vertical-align: bottom;
}
.cs-loading-p {
    margin: .5em 0 0;
    color: gray;
}
/* 當只有圖片的時候居中絕對定位 */
.cs-loading-img:only-child {
    position: absolute;
    left: 0; right: 0; top: 0; bottom: 0;
    margin: auto;
}
/* 當只有文字的時候行高近似垂直居中 */
.cs-loading-p:only-child {
    margin: 0;
    line-height: 150px;
}
```

可以得到圖 10-9 所示的佈局效果。

▲ 圖 10-9　:only-child 虛擬類別實現多種狀態載入佈局

線上觀看範例：

https://demo.cssworld.cn/selector/10/3-1.php

## 10-3-3　:nth-child() 虛擬類別和 :nth-last-child() 虛擬類別

　　:nth-last-child() 虛擬類別和 :nth-child() 虛擬類別的區別在於，:nth-last-child() 虛擬類別是從後面開始按指定序號匹配，而 :nth-child() 虛擬類別是從前面開始匹配。除此之外，兩者沒有其他區別，無論是在相容性還是語法方面。因此，本節會以 :nth-child() 為代表對這兩個虛擬類別進行詳細且深入的介紹。

## 1．從 :nth-child() 開始說

在介紹語法之前，有必要提一句，:nth-child() 虛擬類別雖然功能很強大，但只適用於內容動態、無法確定的匹配場景。如果資料是純靜態的，哪怕是清單，都請使用類名或者屬性選擇器進行匹配。例如：

```
<ol>
    <li class=»cs-li cs-li-1»>內容 </li>
    <li class=»cs-li cs-li-2»>內容 </li>
    <li class=»cs-li cs-li-3»>內容 </li>
</ol>
```

沒有必要使用 li:nth-child(1)、li:nth-child(2) 和 li:nth-child(3)，因為這樣會增加選擇器的優先順序，且 DOM 結構嚴格匹配，無法隨意調整，不利於維護。

:nth-child() 虛擬類別可以匹配指定索引序號的元素，支援一個參數，且參數必須有，參數可以是關鍵字值或者函數符號這兩種類型。

(1)　關鍵字值的形式如下。

- odd：匹配第奇數個元素，如第 1 個元素，第 3 個元素，第 5 個元素……

- even：匹配第偶數個元素，如第 2 個元素，第 4 個元素，第 6 個元素……

可以這麼記憶：如果字母個數是奇數（odd 是 3 個字母），那就是匹配奇數位數的元素；如果字母個數是偶數個（even 是 4 個字母），那就是匹配偶數位數的元素。

奇偶匹配關鍵字多用在清單或者表格中，可以用來實現提升閱讀體驗的斑馬線效果。

(2)　函數符號的形式如下。

- An+B：其中 A 和 B 都是固定的數值，且必須是整數；n 可以理解為從 1 開始的自然序列（0, 1, 2, 3, …），n 前面可以有負號。第一個子元素的匹配序號是 1，小於 1 的計算序號都會被忽略。

下面來看一些示例，快速瞭解一下各種類型的參數的含義。

- tr:nth-child(odd)：匹配表格的第 1, 3, 5 行，等同於 tr:nth-child(2n+1)。

- tr:nth-child(even)：匹配表格的第 2, 4, 6 行，等同於 tr:nth-child(2n)。

- :nth-child(3)：匹配第 3 個元素。

- :nth-child(5n)：匹配第 5, 10, 15, …個元素。其中 5=5×1，10=5×2，15=5×3……。

- :nth-child(3n+4)：匹配第 4, 7, 10, … 個元素。其中 4=(3×0)+4，7=(3×1)+4，10=(3×2)+4……。

- :nth-child(-n+3)：匹配前 3 個元素。因為 –0+3=3，–1+3=2，–2+3=1。

- li:nth-child(n)：匹配所有的 <li> 元素，就匹配的元素而言和 li 標籤選擇器一模一樣，區別就是優先順序更高了。實際開發總是避免過高的優先順序，因此沒有任何理由這麼使用。

- li:nth-child(1)：匹配第一個 <li> 元素，和 li:first-child 匹配的作用一樣，區別就是後者的相容性更好，因此，也沒有任何這麼使用的理由，使用 :first-child 代替它。

- li:nth-child(n+4):nth-child(-n+10)：匹配第 4 ～ 10 個 <li> 元素，這個就屬於比較高級的用法了。例如，考試成績是前 3 名的有徽章，第 4 名到第 10 名標註顯示，此時，這種正負值組合的虛擬類別就非常好用。

**實際案例**

:nth-child() 適合用在列表數量不可控的場景下，如表格、清單等。下面舉 3 個常用案例。

(1) 斑馬線條紋。此效果多用在密集型大數量的清單或者表格中，不容易看錯行，通常設置偶數位數的列表為深色背景，代碼示意如下：

```
table {
    border-spacing: 0;
    width: 300px;
    text-align: center;
    border: 1px solid #ccc;
}
tr {
```

```
  background-color: #fff;
}
tr:nth-child(even) {
  background-color: #eee;
}
```

佈局效果如圖 10-10 所示。

(2) 列表邊緣對齊。例如，要實現圖 10-11 所示的佈局效果。如果無須相容 IE 瀏覽器，最好的實現方法是 display:grid 佈局。如果需要相容一些老舊的瀏覽器，多半會使用浮動或者 inline-block 排列佈局，此時間隙的處理就是難點，因為無論是設置 margin-left 還是 margin-right，都無法實現正好兩端貼著邊緣。

| 標題1 | 標題2 | 標題3 |
|------|------|------|
| 內容1 | 內容2 | 內容3 |
| 內容1 | 內容2 | 內容3 |
| 內容1 | 內容2 | 內容3 |
| 內容1 | 內容2 | 內容3 |
| 內容1 | 內容2 | 內容3 |
| 內容1 | 內容2 | 內容3 |
| 內容1 | 內容2 | 內容3 |
| 內容1 | 內容2 | 內容3 |

▲ 圖 10-10　列表斑馬線條紋效果

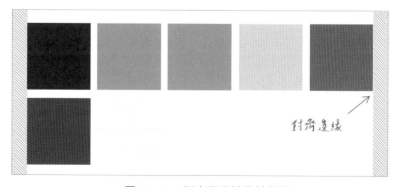

▲ 圖 10-11　列表斑馬線條紋效果

使用 :nth-child() 虛擬類別是比較容易理解和上手的一種方法，假設間隙固定為 10px，則 CSS 代碼示意如下：

```
li {
    float: left;
    width: calc((100% - 40px) / 5);
    margin-right: 10px;
}
li:nth-child(5n) {
    margin-right: 0;
}
```

或者下面更推薦使用的寫法：

```
li {
    float: left;
    width: calc((100% - 40px) / 5);
}
li:not(:nth-child(5n)) {
    margin-right: 10px;
}
```

(3) 標示固定區間的列表。前面提過這個應用，例如，在展示考試成績的列表中，前十名需要標註顯示，前三名加強顯示，要實現這樣的效果，沒有比使用 :nth-child() 虛擬類別更合適的方法了。

CSS 代碼如下：

```
/* 前 3 行背景色為素色 */
tr:nth-child(-n + 3) td {
    background: bisque;
}
/* 4-10 行背景色為淡青色 */
tr:nth-child(n + 4):nth-child(-n + 10) td {
    background: lightcyan;
}
```

效果如圖 10-12 所示。

| 排名 | 姓名 | 總積分 |
|------|------|--------|
| 1 | XboxYan | 105 |
| 2 | liyongleihf2006 | 78 |
| 3 | wingmeng | 73 |
| 4 | sghweb | 71 |
| 5 | yaeSakuras | 69 |
| 6 | frankyeyq | 66 |
| 7 | lineforone | 58 |
| 8 | NeilC1991 | 50 |
| 9 | smileyby | 49 |
| 10 | iceytea | 45 |
| 11 | Seasonley | 44 |
| 12 | ylfeng250 | 43 |
| 13 | Kongdepeng | 42 |
| 14 | AsyncGuo | 40 |
| 15 | qianfengg | 40 |

▲ 圖 **10-12** 指定列表範圍的背景色效果截圖

線上觀看範例：

https://demo.cssworld.cn/selector/10/3-2.php

## 2・動態清單數量匹配技術

聊天軟體中的群頭像或者一些書籍的分組往往採用複合頭像作為一個大的頭像，如圖 10-13 所示，可以看到頭像數量不同，佈局也會不同。

▲ 圖 **10-13** 頭像數量不同，佈局不同

通常大家會使用下面的方法進行佈局，這確實是一個不錯的方法：

```
<ul class="cs-box" data-number="1"></ul>
<ul class="cs-box" data-number="2"></ul>
<ul class="cs-box" data-number="3"></ul>
...
.cs-box[data-number="1"] li {}
.cs-box[data-number="2"] li {}
.cs-box[data-number="3"] li {}
```

這個實現方法可以很好地滿足我們的開發需求，唯一的不足就是當子頭像數量變化時，需要同時修改 data-number 的屬性值，開發稍微麻煩了點。

實際上，還有更巧妙的實現方法，那就是借助子索引虛擬類別，自動判斷我們列表項的個數，從而實現我們想要的佈局。

在這個方法中，你不需要在父元素上設置當前清單的個數，因此，HTML 看起來平淡無奇：

```
<ul class="box">
  <li></li>
  <li></li>
  <li></li>
  ...
</ul>
```

關鍵就在於 CSS，我們可以借助虛擬類別判斷當前列表的個數，示意如下：

```
/* 1個 */
li:only-child {}
/* 2個 */
li:first-child:nth-last-child(2) {}
/* 3個 */
li:first-child:nth-last-child(3) {}
...
```

其中，:first-child:nth-last-child(2) 表示當前 <li> 元素既匹配第一個子元素，又匹配從後往前的第二個子元素，因此，我們就能判斷當前總共有兩個 <li> 子元素，我們就能精準實現我們想要的佈局了，只需要配合相鄰兄弟選擇器加號（+）以及兄弟選擇器（~）即可。例如：

```
/* 3 個 li 項目，匹配第 1 個列表項 */
li:first-child:nth-last-child(3) {}
/* 3 個 li 項目，匹配第 1 個列表項相鄰的第 2 項列表 */
li:first-child:nth-last-child(3) + li {}
/* 3 個 li 項目，匹配第 1 個列表項後面的所有列表項，也就是第 2 項和第 3 項列表 */
li:first-child:nth-last-child(3) ~ li {}
/* 3 個 li 專案，匹配最後 1 項，也就是第 3 項 */
li:first-child:nth-last-child(3) ~ :last-child {}
```

基於上面的數量匹配原理，就能自動實現不同列表數量下的不同佈局效果。

線上觀看範例：

https://demo.cssworld.cn/selector/10/3-3.php

實現效果如圖 10-14 所示。

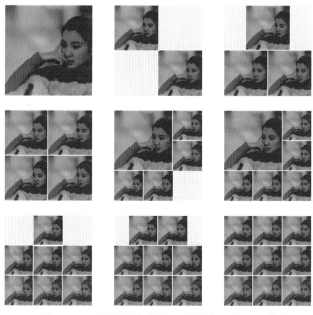

▲ 圖 10-14　不同頭像數量下不同佈局的實現效果

其中，HTML 結構如下：

```
<div class="cs-box">
    <!-- 1-9 個 .cs-li 元素  -->
    <div class=»cs-li»></div>
</div>
```

由於 CSS 部分代碼較多，因此這裡只給出兩個清單排列時候的佈局樣式：

```
.cs-box {
  width: 120px; height: 120px;
  background-color: #e0e0e0;
}
/* 2 個列表 */
.cs-li:first-child:nth-last-child(2),
.cs-li:first-child:nth-last-child(2) + .cs-li {
  width: 50%; height: 50%;
}
/* 第 2 個列表右對齊 */
.cs-li:first-child:nth-last-child(2) + .cs-li {
  margin-left: auto;
}
```

## 10-4 匹配類型的子索引虛擬類別

匹配類型的子索引虛擬類別類似於子索引虛擬類別，區別在於匹配類型的子索引虛擬類別是在同級清單中相同標籤元素之間進行索引與解析的。

寫 HTML 的時候要注意使用語義化標籤，甚至可以使用自訂標籤，因為本節中的這些虛擬類別要想在項目中大放異彩，離不開標籤的區分，如果全部都是 <div> 元素，就無法使用這些虛擬類別，很是可惜。

### 10-4-1 :first-of-type 虛擬類別和 :last-of-type 虛擬類別

:first-of-type 表示當前標籤類型元素的第一個。例如：

```
dl > :first-of-type {
    color: deepskyblue;
    font-style: italic;
}
<dl>
    <dt> 標題 </dt>
    <dd> 內容 </dd>
</dl>
```

　　結果 <dt> 和 <dd> 均匹配了 :first-of-type 虛擬類別，文字表現為天藍色加傾斜，如圖 10-15 所示。

標題

內容

▲ 圖 10-15　:first-of-type 虛擬類別匹配首個標籤元素

　　如果有如下 HTML，其中有多個 <dt> 和 <dd> 元素，則後面的 <dt> 和 <dd> 元素不會匹配 :first-of-type 虛擬類別，文字表現為預設的黑色，也不會傾斜，如圖 10-16 所示。

```
<dl>
    <dt> 標題 1</dt>
    <dd> 內容 1</dd>
    <dt> 標題 2</dt>
    <dd> 內容 2</dd>
</dl>
```

標題1

內容1

**標題2**

**內容2**

▲ 圖 10-16　:first-of-type 虛擬類別只匹配首個標籤元素

:last-of-type 虛擬類別的語法和匹配規則與 :first-of-type 的類似，區別在於 :last-of-type 虛擬類別是匹配最後一個同類型的標籤元素。例如：

```
dl > :last-of-type {
    color: deepskyblue;
    font-style: italic;
}
<dl>
    <dt>標題 1</dt>
    <dd>內容 1</dd>
    <dt>標題 2</dt>
    <dd>內容 2</dd>
</dl>
```

則最後面的 <dt> 和 <dd> 元素中的文字會傾斜，如圖 10-17 所示。

**標題1**

**內容1**

*標題2*

*內容2*

▲ 圖 10-17　:last-of-type 虛擬類別匹配最後一個標籤元素

## 10-4-2　:only-of-type 虛擬類別

:only-of-type 表示匹配唯一的標籤類型的元素。例如：

```
<dl>
    <dt>標題</dt>
    <dd>內容</dd>
</dl>
```

使用 :only-of-type 虛擬類別也可以匹配 <dt> 和 <dd> 元素，因為這兩種類型的標籤都只有 1 個：

```
dl > :only-of-type {
    color: deepskyblue;
```

```
    font-style: italic;
}
```

結果如圖 10-18 所示。

*標題*

*內容*

▲ 圖 10-18　:only-of-type 虛擬類別匹配唯一標籤元素

匹配 :only-child 的元素一定匹配 :only-of-type 虛擬類別，但匹配 :only-of-type 虛擬類別的元素不一定匹配 :only-child 虛擬類別。

:only-of-type 虛擬類別缺少典型的應用場景，大家需要根據實際情況見機使用。

## 10-4-3　:nth-of-type() 虛擬類別和 :nth-last-of-type() 虛擬類別

:nth-of-type() 虛擬類別匹配指定索引的當前標籤類型元素，:nth-of-type() 虛擬類別是從前面開始匹配，而 :nth-last-of-type() 虛擬類別是從後面開始匹配。

### 1．:nth-child() 虛擬類別和 :nth-of-type() 虛擬類別的異同

:nth-of-type() 虛擬類別和 :nth-child() 虛擬類別的相同之處是它們的語法是一模一樣的。

(1)　關鍵字值的形式如下。

- odd：匹配第奇數個當前標籤類型元素。

- even：匹配第偶數個當前標籤類型元素。

(2)　函數符號的形式如下。

- An+B：其中 A 和 B 都是固定的數值，且必須是整數；n 可以理解為從 1 開始的自然序列（0, 1, 2, 3, …），n 前面可以有負號。第一個標籤元素的匹配序號是 1，小於 1 的計算序號都會被忽略。

例如：

```
/* 第奇數個 <p> 元素的背景為灰色 */
p:nth-of-type(2n + 1) {
    background-color: #ddd;
}
/* 將第 4 的倍數個 <p> 元素加粗同時深天藍色顯示 */
p:nth-of-type(4n) {
    color: deepskyblue;
    font-weight: bold;
}
<article>
    <h3> 標題 1</h3>
    <p> 段落內容 1</p>
    <p> 段落內容 2</p>
    <h3> 標題 2</h3>
    <p> 段落內容 3</p>
    <p> 段落內容 4</p>
</article>
```

結果段落內容 1 和段落內容 3 有背景色，段落內容 4 被加粗同時深天藍色顯示，如圖 10-19 所示。

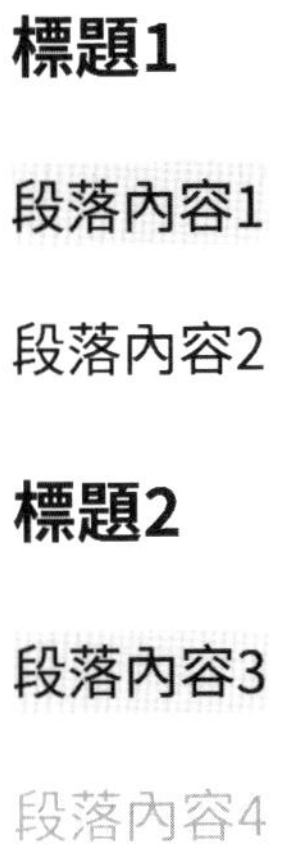

**標題1**

段落內容1

段落內容2

**標題2**

段落內容3

段落內容4

▲ 圖 10-19　:nth-of-type() 的匹配效果截圖

:nth-of-type() 虛擬類別和 :nth-child() 虛擬類別的不同之處是，:nth-of-type() 虛擬類別的匹配範圍是所有相同標籤的相鄰元素，而 :nth-child() 虛擬類別會匹配所有相鄰元素，而無視標籤類型。

如果上面的案例改成使用 :nth-child() 虛擬類別，具體如下：

```
/* 第奇數個元素，同時是 <p> 標籤 */
p:nth-child(2n + 1) {
    background-color: #ddd;
}
/* 第 4 的倍數個 <p> 元素，同時是 <p> 標籤 */
p:nth-child(4n) {
    color: deepskyblue;
    font-weight: bold;
}
```

那麼匹配元素會大不一樣，p:nth-child(4n) 選擇器則沒有匹配，如圖 10-20 所示。

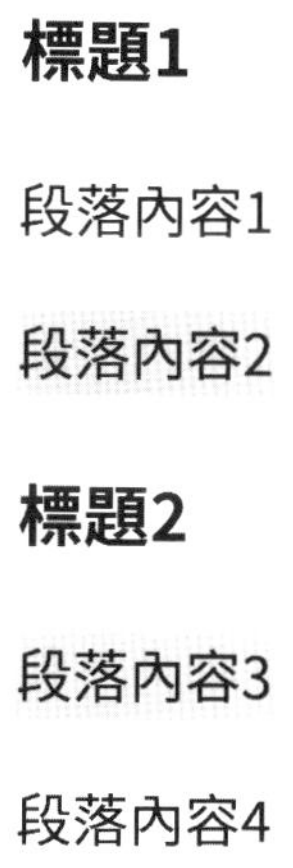

## 標題1

段落內容1

段落內容2

## 標題2

段落內容3

段落內容4

▲ 圖 10-20　:nth-child() 對比匹配效果截圖

## 2‧:nth-of-type() 虛擬類別的適用場景

:nth-of-type() 虛擬類別適用於特定標籤組合且這些組合會不斷重複的場合。在整個 HTML 中，這樣的組合元素並不多見，說得出來的也就是 dt+dd 組合：

```
<dl>
    <dt> 標題 1</dt>
    <dd> 內容 1</dd>
    <dt> 標題 2</dt>
    <dd> 內容 2</dd>
</dl>
```

以及 details > summary 組合：

```
<details open>
    <summary> 訂單中心 </summary>
    <a href> 我的訂單 </a>
    <a href> 我的活動 </a>
    <a href> 評價曬單 </a>
    <a href> 購物助手 </a>
</details>
```

這段代碼中的 <a> 元素就可以使用 :nth-of-type() 虛擬類別進行匹配。

然後，在這裡介紹一個我在實際專案開發中經常用到 :nth-of-type() 虛擬類別的場景。例如，實現圖 10-21 所示的列表佈局，其中點擊清單會有一個選中狀態。

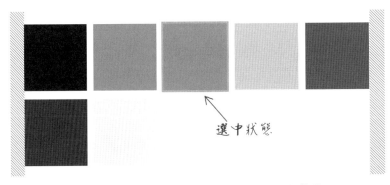

▲ 圖 10-21　帶有選中狀態的清單佈局目標效果

顯然，這樣的效果非常適合使用 :checked 虛擬類別技術實現，且無須任何 JavaScript 代碼就能實現交互，HTML 如下：

```
<div class="cs-box">
    <input id=»list1» type=»radio» name=»list»>
```

```
    <label for=»list1» class=»cs-li»></label>
    <input id=»list2» type=»radio» name=»list»>
    <label for=»list2» class=»cs-li»></label>
    <input id=»list3» type=»radio» name=»list» checked>
    <label for=»list3» class=»cs-li»></label>
    <input id=»list4» type=»radio» name=»list»>
    <label for=»list4» class=»cs-li»></label>
    <input id=»list5» type=»radio» name=»list»>
    <label for=»list5» class=»cs-li»></label>
    <input id=»list6» type=»radio» name=»list»>
    <label for=»list6» class=»cs-li»></label>
</div>
```

此時就不能使用 :nth-child(5n) 對邊緣列表進行匹配了，因為還有平級的 input [type="radio"] 元素。此時需要使用 :nth-of-type(5n) 進行匹配，CSS 代碼示意如下：

```
.cs-li {
    float: left;
    width: calc((100% - 40px) / 5);
    margin-right: 10px;
    cursor: pointer;
}
:checked + .cs-li {
    box-shadow: 0 0 0 3px deepskyblue;
}
.cs-li:nth-of-type(5n) {
    margin-right: 0;
}
```

.cs-li:nth-of-type(5n) 的含義是所有類名是 .cs-li 的元素按照標籤類型進行分組，然後匹配各個分組中索引值是 5 的倍數的元素。在本例中 .cs-li 元素都是 <label> 元素，和隱藏的單選框 <input> 元素正好區分開了，故能準確匹配。如果沒有 :nth-of-type() 虛擬類別，怕是要給每個列表組都嵌套一層標籤了，那實現就囉唆了。

# Note

# Chapter 11 | 邏輯組合虛擬類別

本章將介紹 4 個邏輯組合虛擬類別，分別是 :not()、:is()、:where() 和 :has()。這 4 個虛擬類別自身的優先順序都是 0，當虛擬類選擇器自身和括弧裡的參數作為一個整體時，整個選擇器的優先順序各有差異，有的由參數選擇器決定，如 :not()，有的參數選擇器的優先順序也是 0，如 :where()。

:not() 虛擬類別從 IE9 瀏覽器就開始受到支持，非常實用，務必掌握。其他 3 個虛擬類別目前還都處於不穩定的實驗階段，瀏覽器支持有限，本章只會作簡單介紹，不會深入。

## 11-1 否定虛擬類別 :not()

:not() 是否定虛擬類別，如果當前元素與括弧裡面的選擇器不匹配，則該虛擬類別會進行匹配。例如：

```
:not(p) {}
```

會匹配所有標籤不是 p 的元素，包括 <html> 元素和 <body> 元素。

**其他細節**

(1)  :not() 虛擬類別的優先順序是 0，即它本身沒有任何優先順序，最終選擇器的優先順序是由括弧裡面的運算式決定的。例如：

```
:not(p) {}
```

的優先順序就是 p 選擇器的優先順序。

(2)　:not() 虛擬類別可以不斷串接。例如：

```
input:not(:disabled):not(:read-only) {}
```

表示匹配所有不處於禁用狀態，也不處於唯讀狀態的 <input> 元素。

(3)　:not() 虛擬類別目前尚未支持多個運算式，也不支持出現組合選擇器。例如，
　　　下面這種寫法目前是不受支持的：

```
/* 尚未支持 */
.cs-li:not(li, dd) {}
```

可以使用下面的寫法代替：

```
.cs-li:not(li):not(dd) {}
```

下面這幾種寫法也都不支持：

```
/* 尚未支持 */
input:not(:disabled:read-only) {}
/* 尚未支持 */
input:not(p:read-only) {}
/* 尚未支持 */
input:not([id][title]) {}
```

總之，目前只支持簡單選擇器。

## 告別重置，全部交給 :not() 虛擬類別

　　:not() 虛擬類別最大的作用就是可以優化過去我們重置 CSS 樣式的策略。由於
重置樣式在 Web 開發中非常常見，因此 :not() 虛擬類別的適用場景非常廣泛。

　　舉個例子，我們在實現選項卡切換效果的時候會預設隱藏部分選項卡面板，
點擊選項卡按鈕後，通過添加啟動狀態類名讓隱藏的面板再顯示，CSS 如下：

```
.cs-panel {
    display: none;
}
.cs-panel.active {
```

```
    display: block;
}
```

實際上，這種效果有更好的實現方式，那就是使用 :not() 虛擬類別，推薦使用下面的 CSS 代碼：

```
.cs-panel:not(.active) {
    display: none;
}
```

使用 :not() 虛擬類別有如下優點。

(1)　使代碼更簡潔。

(2)　更好理解。

(3)　保護了原類名的優先順序，擴展性更強，更利於維護，這是最重要的一點。

還是上面的例子，由於不同的選項卡面板裡面的內容不同，因此所採用的佈局也不一樣。假設 HTML 如下：

```
<div class="cs-panel">面板 1</div>
<div class="cs-panel cs-flex">面板 2</div>
<div class="cs-panel cs-grid">面板 3</div>
```

面板 2 需要使用 Flex 佈局，面板 3 需要使用 Grid 佈局，結果發現傳統實現的 CSS 代碼無能為力，因為被更高優先順序的 CSS 代碼 .cs-panel.active 強制限定為了 display:block：

```
.cs-panel {
    display: none;
}
.cs-panel.active {
    display: block;
}
/*
    下面兩個佈局樣式都無效
    .cs-panel.active 的優先順序過高
*/
```

```
.cs-flex {
    display: flex;
}
.cs-grid {
    display: grid;
}
```

但是，如果使用的是 :not() 虛擬類別，這樣的效果實現起來就很輕鬆：

```
.cs-panel:not(.active) {
    display: none;
}
/* 下面兩個佈局樣式均有效 */
.cs-flex {
    display: flex;
}
.cs-grid {
    display: grid;
}
```

又如上一章列表邊緣對齊的例子，不應該使用下面的寫法：

```
.cs-li {
    float: left;
    width: calc((100% - 40px) / 5);
    margin-right: 10px;
}
/* 不推薦這樣重置 */
.cs-li:nth-of-type(5n) {
    margin-right: 0;
}
```

而應該使用 :not() 虛擬類別：

```
.cs-li {
    float: left;
    width: calc((100% - 40px) / 5);
}
/* 推薦這樣設置 */
```

```
.cs-li:not(:nth-of-type(5n)) {
    margin-right: 10px;
}
```

又如按鈕樣式的控制，如禁用按鈕不能有 :hover 樣式，傳統的寫法如下面這樣的：

```
.cs-button,
.cs-button:disabled:hover {
    background-color: #fff;
}
.cs-button:hover {
    background-color: #eee;
}
```

如果改成像下面這樣：

```
.cs-button {
    background-color: #fff;
}
.cs-button:not(:disabled):hover {
    background-color: #eee;
}
```

代碼更清晰、更簡潔。

總之，大家一定要培養這樣的意識：一旦遇到需要重置 CSS 樣式的場景，第一反應就是使用 :not() 虛擬類別。

但是，有一類重置場景，使用 :not() 虛擬類別可能會有預期之外的事情發生。

例如，網站有部分模組的 HTML 需要保留瀏覽器原生的樣式，其他地方需要全部重置，假設模組容器標籤名自訂，名稱是 x-article，我們會想到使用如下 CSS：

```
:not(x-article) ol,
:not(x-article) ul {
    padding: 0;
    margin: 0;
```

```
    list-style-type: none;
}
```

猛一看這是一個很棒的實現，因為從語法上直譯就是非 x-article 標籤下的 <ol>、<ul> 元素樣式全部重置。

但實際上這是有問題的。例如，有如下 HTML 代碼：

```
<x-article>
    <div>
        <ol>
            <li>內容 1</li>
            <li>內容 2</li>
            <li>內容 3</li>
        </ol>
    </div>
</x-article>
```

這裡的 <ol> 元素的 margin 和 padding 等 CSS 屬性樣式，理論上應該不被重置，但實際這些樣式都被重置了，因為 <ol> 元素外面的 <div> 元素也匹配 :not(x-article）ol 選擇器。

在這種場景下，就不要使用使用 :not() 虛擬類別，除非 <ol>、<ul> 元素的 DOM 層級或者位置固定，例如只能作為 <x-article> 的子元素存在，此時，我們可以使用下面的 CSS 進行處理：

```
:not(x-article) > ol,
:not(x-article) > ul {
    padding: 0;
    margin: 0;
    list-style-type: none;
}
```

## 11-2 瞭解任意匹配虛擬類別 :is()

:is() 虛擬類別可以把括弧中的選擇器依次分配出去，對於那種複雜的有很多逗號分隔的選擇器非常有用。

在具體介紹 :is() 虛擬類別之前，我們先來瞭解一下 :is() 虛擬類別與 :matches() 虛擬類別及 :any() 虛擬類別之間的關係。

## 11-2-1　:is() 虛擬類別與 :matches() 虛擬類別及 :any() 虛擬類別之間的關係

2018 年 10 月底，:matches() 虛擬類別改名為 :is() 虛擬類別，因為 :is() 的名稱更簡短，且其語義正好和 :not() 相反。

也就是說，:matches() 虛擬類別是 :is() 虛擬類別的前身。然後很有趣的是 :matches() 還有一個被捨棄的前身，那就是 :any() 虛擬類別，被捨棄的原因是選擇器的優先順序不準確，:any() 虛擬類別會忽略括弧裡面選擇器的優先順序，而永遠是普通虛擬類別的優先順序。

:any() 虛擬類別名義上雖然被捨棄了，但是除了 IE/Edge 以外的瀏覽器都支持，而且很早就支持，現在也都支援，不過都需要添加私有化前置碼，如 -webkit-any() 以及 -moz-any()。

梳理一下就是，先有 :any() 虛擬類別，不過其需要配合私有化前置碼使用，後來因為選擇器的優先順序不準確，:any() 虛擬類別被捨棄，成為 :matches() 虛擬類別，然後又因為 :matches() 虛擬類別的名稱不太好，最近又修改成了 :is() 虛擬類別。但這 3 個虛擬類別的語法都是一模一樣的，在我書寫這段內容的此刻，Chrome 瀏覽器已經可以運行 :is() 虛擬類別，同時捨棄了 :matches() 虛擬類別（已無法識別）。根據我的判斷，:is() 虛擬類別會一直穩定下去。

上面提到了 :any() 虛擬類別的優先順序，下面來說說 :is() 虛擬類別的優先順序，:is() 虛擬類別的優先順序解析才是正確的，具體如下：:is() 虛擬類別本身的優先順序為 0，整個選擇器的優先順序是由 :is() 虛擬類別裡面參數優先順序最高的那個選擇器決定的。例如：

```
:is(.article, section) p {}
```

優先順序等同於 .articla p，又如：

```
:is(#article, .section) p {}
```

優先順序等同於 #articla p。這是由參數中優先順序最高的選擇器決定的。

## 11-2-2　:is() 虛擬類別的語法與作用

:is() 虛擬類別由於是新虛擬類別，沒有歷史包袱，因此瀏覽器廠商直接按照最新的標準實現，參數可以是複雜選擇器或複雜選擇器列表，這一點和 :not() 虛擬類別不同，:not() 虛擬類別目前只支持簡單選擇器參數。

例如，下面的寫法都是合法的：

```
/* 簡單選擇器 */
:is(article) p {}
/* 簡單選擇器列表 */
:is(article, section) p {}
/* 複雜選擇器 */
:is(.article[class], section) p {}
/* 帶邏輯虛擬類別的複雜選擇器 */
.some-class:is(article:not([id]), section) p {}
```

:is() 虛擬類別的作用就是簡化選擇器。例如，平時開發經常會遇到類似下面的 CSS 代碼：

```
.cs-avatar-a > img,
.cs-avatar-b > img,
.cs-avatar-c > img,
.cs-avatar-d > img {
    display: block;
    width: 100%; height: 100%;
    border-radius: 50%;
}
```

此時就可以使用 :is() 虛擬類別進行簡化：

```
:is(.cs-avatar-a, .cs-avatar-b, .cs-avatar-c, .cs-avatar-d) > img {
    display: block;
    width: 100%; height: 100%;
    border-radius: 50%;
}
```

這種簡化只是一維的，:is() 虛擬類別的優勢並不明顯，但如果選擇器是交叉組合的，那 :is() 虛擬類別就大放異彩了。例如，有序列表和無序列表可以相互嵌套，假設有兩層嵌套關係，則最裡面的 <li> 元素就存在下面 4 種可能場景：

```
ol ol li,
ol ul li,
ul ul li,
ul ol li {
    margin-left: 2em;
}
```

如果使用 :is() 虛擬類別進行強化，則只有下面這幾行代碼：

```
:is(ol, ul) :is(ol, ul) li {
    margin-left: 2em;
}
```

:is() 虛擬類別是一個有用但不被迫切需要的虛擬類別，大家可以等瀏覽器全面支援後再使用。

## 11-3 瞭解任意匹配虛擬類別 :where()

:where() 虛擬類別是和 :is() 虛擬類別一同出現的，它們的含義、語法、作用一模一樣。唯一的區別就是優先順序不一樣，:where() 虛擬類別的優先順序永遠是 0。例如：

```
:where(.article, section) p {}
```

的優先順序等同於 p 選擇器，參數裡的選擇器的優先順序被完全忽略。又如：

```
:where(#article, #section) .content {}
```

的優先順序等同於 .content 選擇器。

# 11-4 瞭解關聯虛擬類別 :has()

:has() 虛擬類別是一個規範制定得很早但瀏覽器卻遲遲沒有支持的虛擬類別。如果瀏覽器能夠支持，其功能會非常強大，因為它可以實現類似父選擇器和前面兄弟選擇器的功能，對 CSS 的開發會有顛覆性的影響。

例如：

```
a:has(< svg) {}
```

表示匹配包含有 <svg> 元素的 <a> 元素，實現的就是父選擇器的效果，即根據子元素選擇父元素。

又如：

```
h1:has(+ p) {}
```

表示匹配後面跟隨 <p> 元素的 <h1> 元素，實現的就是前面兄弟選擇器的效果，即根據後面的兄弟元素選擇前面的元素。

由於沒有受到瀏覽器支持，且我個人判斷以後很長一段時間也不會受到支持，因此這裡不對其做進一步的展開。

**Chapter 12　其他虛擬類別選擇器**

因為有些虛擬類別相對比較零散且都帶有試驗性質，所以我將它們全部匯總在本章中一起介紹，同時會對每一個虛擬類別做點評。

## 12-1　與作用域相關的虛擬類別

本節將介紹幾個與作用域相關的虛擬類別，其中 :host 虛擬類別和 :host() 虛擬類別是使用頻率很高的兩個虛擬類別，大家可以多加關注。

### 12-1-1　參考元素虛擬類別 :scope

曾經有一段時間，部分瀏覽器曾經支援過「在一個網頁文檔中支持多個 CSS 作用域」，語法是在 <style> 元素上設置 scoped 屬性，如下：

```
<style scoped>
.your-css {}
</style>
```

在一番爭論之後，這個特性被捨棄了，原本支援它的瀏覽器也不支援了，scoped 屬性也被徹底移除了，如曇花一現。

然而，:scope 虛擬類別卻被保留了下來，而且除了 IE/Edge，其他瀏覽器都支持。

但是，不要興奮，雖然瀏覽器都支持 :scope，但已經完全變味了。在 CSS 世界中，:scope 虛擬類別更像是一個擺設。因為如今的網頁只有一個 CSS 作用域，所以 :scope 虛擬類別等同於 :root 虛擬類別。

例如，我們設置

```
:scope {
    background-color: skyblue;
}
```

和設置

```
:root {
    background-color: skyblue;
}
```

最終的效果是一模一樣的，都是網頁的背景變成天藍色。

當然，存在即合理。:scope 也不是一無是處，它是一個非常安全的用來區分 IE/Edge 和其他瀏覽器的利器，區分方法為

```
/* IE/Edge */
.cs-class {}
/* Chrome/Firefox/Safari 等其他瀏覽器 */
:scope .cs-class {}
```

或者

```
/* IE/Edge */
.cs-class {}
/* Chrome/Firefox/Safari 等其他瀏覽器 */
:scope, .cs-class {}
```

推薦使用後面一種方式，因為選擇器的優先順序更合理。

另外，雖然 :scope 虛擬類別在 CSS 世界中的作用有限，但是它在一些 DOM API 中卻表現出了真正的語義，這些 API 包括 querySelector()、querySelectorAll()、matches() 和 Element.closest()。此時 :scope 虛擬類別匹配的是正在調用這些 API 的 DOM 元素。

直接這麼講可能不太好懂，我們看一個在 4.1.2 節中已經出現過的例子。已知 HTML 如下：

```
<div id="myId">
    <div class=»lonely»> 單身如我 </div>
    <div class=»outer»>
        <div class=»inner»> 內外開花 </div>
    </div>
</div>
```

此時，執行如下 JavaScript 代碼：

```
document.querySelector('#myId').querySelectorAll('div div');
```

在控制台輸出的是 3 個 <div> 元素：

```
NodeList(3) [div.lonely, div.outer, div.inner]
```

因為選擇器 'div div' 是相對於整個文檔而言的，語義就是返回頁面中既匹配 'div div' 選擇器又是 #myId 子元素的元素。

如果修改一下運行的 JavaScript 代碼，增加 :scope 虛擬類別，就像下面這樣：

```
document.querySelector('#myId').querySelectorAll(':scope div div');
```

則輸出結果就只有 1 個 <div> 元素了：

```
NodeList(1) [div.inner]
```

因為此時 ':scope div div' 中的 :scope 匹配的就是 #myId 元素，語義就是返回頁面中既匹配 '#myId div div' 選擇器又是 #myId 子元素的元素。

由於 :scope 虛擬類別從原本的作用域特性，變成了在 DOM API 中指代特別的元素；因此現在稱 :scope 虛擬類別為參考元素虛擬類別，而不是作用域虛擬類別。

## 12-1-2　Shadow 樹根項目虛擬類別 :host

要想讓 CSS 不受全域 CSS 的影響，目前只有一個方法，就是創建 Shadow DOM，把樣式寫在其中，此時該 Shadow DOM 的根項目（ShadowRoot）就是使用 :host 虛擬類別進行匹配的。

例如，我們自訂一個 <square-img> 元素，讓圖片永遠以正方形顯示，同時如果有 alt 屬性值，則直接在圖片上顯示：

```
<square-img src="./1.jpg" size="200" alt=" 提示資訊 "></square-img>
```

如果我們創建如下所示的 Shadow DOM 結構：

```
square-img
    img
    span
```

此時，:host 虛擬類別匹配的就是 <square-img> 這個元素。例如，我們為 Shadow DOM 結構創建如下所示的 CSS，相當於將 <square-img> 元素的字型大小設置為 12px，並將其顏色設置為白色：

```
:host {
    display: inline-block;
    font-size: 12px;
    color: #fff;
    text-align: center;
    line-height: 24px;
    position: relative;
}
span:not(:empty) {
    position: absolute;
    background-color: rgba(0,0,0,.5);
    left: 0; right: 0; bottom: 0;
}
img {
    display: block;
    object-fit: cover;
}
```

於是，可以看到圖 12-1 所示的效果。

▲ 圖 12-1　:host 虛擬類別控制 Shadow DOM 根項目樣式

線上觀看範例：

https://demo.cssworld.cn/selector/12/1-1.php

該虛擬類別的相容性足夠，除了 IE/Edge 不支援，其他瀏覽器都支援。

## 12-1-3　Shadow 樹根項目匹配虛擬類別 :host()

:host() 虛擬類別對於瀏覽器原生 Web Components 開發非常重要，是務必要掌握的虛擬類別。

:host() 虛擬類別也是用來匹配 Shadow DOM 根項目的，區別在於 :host() 可以根據根項目的 ID、類名或者屬性進行有區別的匹配。

例如，要使上面自訂的 <square-img> 元素支援圓角狀態，也就是這個元素可以在 A 頁面是直角，在 B 頁面是圓角，我們就可以使用一個自訂屬性 data-radius 外加 :host() 虛擬類別，非常方便地進行針對性開發。例如：

```
<square-img src="./1.jpg" size="200" alt=" 直角頭像 "></square-img>
<square-img src="./1.jpg" size="200" alt=" 圓角頭像 " data-radius></square-img>
```

如果沒有 :host() 虛擬類別，我們只能借助 JavaScript 判斷是否有設置 data-radius 屬性，然後根據判斷結果設置不同的 CSS 樣式，很麻煩。但有了 :host() 虛擬類別，我們可以直接使用 CSS 樣式進行區分，代碼很簡單也很乾淨，如下：

```
:host {
    display: inline-block;
    font-size: 12px;
    color: #fff;
    text-align: center;
    line-height: 24px;
    position: relative;
}
:host([data-radius]) {
    border-radius: 50%;
    overflow: hidden;
}
...
```

此時的渲染效果如圖 12-2 所示。

▲ 圖 12-2　:host() 虛擬類別可方便控制元件顯示為直角還是圓角

線上觀看範例：

https://demo.cssworld.cn/selector/12/1-2.php

該虛擬類別的相容性和 :host 虛擬類別的是一樣的，凡是支持 Shadow DOM（V1）的瀏覽器均支持 :host() 虛擬類別，包括 Chrome 瀏覽器、Firefox 63 及以上版本的瀏覽器、Safari 瀏覽器等。

另外，:host() 虛擬類別只能在 Shadow DOM 內部使用，在外部使用是沒有效果的。

## 12-1-4　**Shadow** 樹根項目上下文匹配虛擬類別 **:host-context()**

　　:host-context() 虛擬類別也是用來匹配 Shadow DOM 根項目的，與 :host() 虛擬類別的區別在於，:host-context() 虛擬類別可以借助 Shadow DOM 根項目的上下文元素（也就是父元素）來匹配。

　　舉個例子，還是正方形圖像的圓角控制，我們可以借助 <square-img> 所在的父元素來控制，HTML 代碼如下：

```
<p>
    <square-img src=»./1.jpg» alt=» 直角頭像 "></square-img>
</p>
<p class="cs-radius">
    <square-img src=»./1.jpg» alt=» 圓角頭像 "></square-img>
</p>
```

　　下面這個 <square-img> 的圓角效果是通過父元素 .cs-radius 控制的，相關 CSS 如下：

```
:host {
    display: inline-block;
    font-size: 12px;
    color: #fff;
    text-align: center;
    line-height: 24px;
    position: relative;
}
:host-context(.cs-radius) {
    border-radius: 50%;
    overflow: hidden;
}
...
```

　　此時的渲染效果如圖 12-3 所示。

▲ 圖 12-3 　:host-context() 虛擬類別通過父元素控制元件顯示為圓角

線上觀看範例：

https://demo.cssworld.cn/selector/12/1-3.php

　　:host-context() 目前僅受 Chrome 瀏覽器和 Android 設備支援，因此建議在實驗性項目中使用。

　　同樣，:host-context() 虛擬類別只能在 Shadow DOM 內部使用，在外部使用是沒有效果的。

## 12-2 與全屏相關的虛擬類別 :fullscreen

　　:fullscreen 虛擬類別用來匹配全屏元素。

　　桌面瀏覽器以及部分移動端瀏覽器是支持原生全屏效果的，通過 dom. requestFullScreen() 方法可讓元素全屏顯示，通過 document.cancelFullScreen() 方法可取消全屏。

　　:fullscreen 虛擬類別是用來匹配處於全屏狀態的 dom 元素的，::backdrop 虛擬元素是用來匹配瀏覽器默認的黑色全屏背景元素的。

　　舉個簡單的例子，如果希望一個普通的 <img> 元素全屏時絕對定位居中顯示，就可以使用 :fullscreen 進行設置：

```
<div id="img" class="cs-img-x">
    <img class=»cs-img» src=»/images/common/l/1.jpg»>
</div>
img.addEventListener("click", function() {
    if (document.fullscreen) {
        document.cancelFullScreen();
    } else {
        this.requestFullScreen();
    }
});
```

　　當點擊 <img> 元素進入全屏狀態後，圖片的父元素 #img 的尺寸會被拉伸到全屏狀態，<img> 元素會掛在左上角，此時就可以使用 :fullscreen 虛擬類別進行匹配與定位，CSS 如下：

```
:fullscreen .cs-img {
    position: absolute;
    left: 50%; top: 50%;
    transform: translate(-50%, -50%);
}
```

　　效果如圖 12-4 所示。

▲ 圖 12-4　Firefox 瀏覽器下全屏狀態圖片居中效果截圖

讀者可輸入 https://demo.cssworld.cn/selector/12/2-1.php 查看實例。

**相容性**

全屏匹配虛擬類別在各大瀏覽器很早就有支援，只不過一開始的名稱並不是 :fullscreen，而是 :full-screen，且需要添加私有化前置碼，即 :-webkit-full-screen 和 :-moz-full- screen。但是現在，Edge 12 及以上版本、Firefox 64 及以上版本和 Chrome 瀏覽器都已經支援無須私有化前置碼且更標準的 :fullscreen 虛擬類別，我們可以放心使用。

## 12-3 瞭解語言相關虛擬類別

本節介紹的幾個虛擬類別並不常用，一方面，其本身的設計初衷是更好地處理多語言，另一方面，當前瀏覽器的支援情況有限，還不至於可以大規模使用，瞭解一下即可。

## 12-3-1　方向虛擬類別 :dir()

在實際開發時，我們有時候希望佈局的元素是從右往左排列的。例如，實現微信或者 QQ 這樣的左右對話效果，右側的對話佈局就可以直接添加 HTML dir 屬性控制實現，如圖 12-5 所示。

▲ 圖 12-5　dir 屬性與左右對稱佈局示意

用傳統的實現方法，我們會使用屬性選擇器進行匹配。例如：

```
[dir="rtl"] .cs-avatar {}
```

但是，[dir="rtl"] 選擇器有一個比較明顯的缺點，即它無法直接匹配沒有設置 dir 屬性的元素，也無法準確知道沒有設置 dir 屬性元素的準確的方向，因為 dir 帶來的文檔流方向變化是具有繼承性的。例如，在 <body> 元素上設置 [dir="rtl"]，只靠屬性選擇器是無法知道某個具體的圖片的方向是 ltr 還是 rtl 的。

:dir() 虛擬類別就是為彌補這個缺點而設計的，無論元素有沒有設置 dir 屬性，抑或有沒有直接使用 CSS 的 direction 屬性從而改變了文檔流方向，:dir() 虛擬類別都可以準確匹配。例如：

```
.cs-content:dir(rtl) {
    /* 處於從右往左的文檔流中，內容背景色高亮為深天藍色 */
    background-color: deepskyblue;
}
```

:dir() 虛擬類別的語法如下：

```
:dir( ltr | rtl )
```

　　其中 ltr 是 left-to-right 的縮寫，表示圖文從左往右排列；rtl 是 right-to-left 的縮寫，表示圖文從右往左排列。

　　該虛擬類別還是有一定的使用價值的，但遺憾的是，截至目前我寫下這段文字的此刻，只有 Firefox 瀏覽器支持它，不過相信其他瀏覽器很快就會跟進的。

## 12-3-2　語言虛擬類別 :lang()

　　:lang() 虛擬類別用來匹配指定語言環境下的元素。

　　一個標準的 XHTML 文檔結構會在 <html> 元素上通過 HTML lang 屬性標記語言類型，對於簡體中文網站，建議使用 zh-cmn-Hans[4]：

```
<!DOCTYPE html>
<html lang="zh-cmn-Hans">
<head>
<meta charset="UTF-8">
<body>
</body>
</html>
```

---

4　補充其他中文語言的標示法（照字母排序）。

　　zh-Hans 簡體中文
　　　　zh-Hans-CN 大陸地區使用的簡體中文
　　　　zh-Hans-HK 香港地區使用的簡體中文
　　　　zh-Hans-MO 澳門使用的簡體中文
　　　　zh-Hans-SG 新加坡使用的簡體中文
　　　　zh-Hans-TW 臺灣使用的簡體中文

　　zh-Hant 繁體中文
　　　　zh-Hant-CN 大陸地區使用的繁體中文
　　　　zh-Hant-HK 香港地區使用的繁體中文
　　　　zh-Hant-MO 澳門使用的繁體中文
　　　　zh-Hant-SG 新加坡使用的繁體中文
　　　　zh-Hant-TW 臺灣使用的繁體中文

對於英文網站或者海外伺服器，常使用 en：

```html
<!DOCTYPE html>
<html lang="en">
<head>
<meta charset="UTF-8">
<body>
</body>
</html>
```

此時，頁面上的任意標準 HTML 元素都可以使用 :lang() 虛擬類別進行匹配。其中，括弧內的參數是語言代碼，如 en、fr、zh 等。例如：

```css
.cs-content:lang(en) {
    /* 匹配英文語言 */
}
.cs-content:lang(zh) {
    /* 匹配中文語言 */
}
```

:lang() 虛擬類別的典型示例是 CSS quotes 屬性的引號匹配。例如：

```
:lang(en) > q { quotes: '\201C' '\201D' '\2018' '\2019'; }
:lang(fr) > q { quotes: '«' ' ' '»'; }
:lang(de) > q { quotes: '»' '«' '\2039' '\203A'; }
<p lang="en"><q> 英語，外面有引號，<q> 引號內嵌套的引號 </q>。</q></p>
<p lang="fr"><q> 法語，外面有引號，<q> 引號內嵌套的引號 </q>。</q></p>
<p lang="de"><q> 德語，外面有引號，<q> 引號內嵌套的引號 </q>。</q></p>
```

效果如圖 12-6 所示。

"英語, 外面有引號, '引號內嵌套的引號'。"

« 法語, 外面有引號, « 引號內嵌套的引號»。»

»德語, 外面有引號, <引號內嵌套的引號>。«

▲ 圖 12-6　不同語言下的引號設置

但是，如果著眼於實際開發，我們是不會遇到上面這個使用引號的場景的，更常見的反而是使用 :lang() 虛擬類別來實現資源控制。例如，如果是使用國內的 IP 訪問，則頁面輸出的時候可以在 <html> 元素上設置 lang="zh-cmn-Hans"；如果是使用國外的 IP 訪問，則可以設置 lang="en"。

此時，我們就可以根據 :lang() 的不同使用不同的資源或者呈現不一樣的佈局了。

例如，國內的主要社交平台是微信、微博，國外的主要社交平台是臉書、推特。此時，我們可以借助 :lang() 虛擬類別呈現不同的分享內容：

```
.cs-share-zh:not(:lang(zh)),
.cs-share-en:not(:lang(en)) {
   display: none;
}
```

從上面這個案例可以看出，:lang() 虛擬類別相對於 [lang] 屬性選擇器有以下兩個優點。

(1) 即使當前元素沒有設置 HTML lang 屬性，也能夠準確匹配。

(2) 虛擬類別參數中使用的語言代碼無須和 HTML lang 屬性值一樣，例如，lang="zh"、lang="zh-CN"、lang="zh-SG"、lang="zh-cmn-Hans" 都可以使用 :lang(zh) 這個選擇器進行匹配。

(3) 相容性非常好，:lang() 虛擬類別是一個非常古老的虛擬類別，IE8 瀏覽器就已經開始支援，如果遇到合適的使用場景，可以放心使用。

## 12-4 瞭解資源狀態虛擬類別

這一節介紹的幾個虛擬類別尚未被瀏覽器支持，不過就定義來看，這些虛擬類別還是有用的，大家可以先簡單瞭解一下。

### Video/Audio 播放狀態虛擬類別 :playing 和 :paused

:playing 虛擬類別可以匹配正在播放的影音元素，如果影音因為緩衝的問題而發生暫停，同樣也是可以匹配 :playing 虛擬類別的。

:paused 虛擬類別可以匹配處於停止狀態的影音元素,包括處於明確的停止狀態或者資源已載入但尚未啟動的元素。

有了這兩個虛擬類別,自訂播放機的皮膚按鈕的時候,開發成本會小很多,因為播放以及暫停的狀態已經全部交給瀏覽器原生解決,我們需要做的就是通過 CSS 匹配對應的按鈕顯示即可。例如:

```css
.cs-button-playing,
.cs-button-paused {
   display: none;
}
:playing ~ .cs-button-playing,
:paused ~ .cs-button-paused {
   display: block;
}
```

這兩個虛擬類別目前還沒有得到瀏覽器的支援。

# Note

# Note

# Note

**股市消息滿天飛，多空訊息如何判讀？**

**看到利多消息就進場，你接到的是金條還是刀？**

消息面是基本面的溫度計

更是籌碼面的照妖鏡

不當擦鞋童，就從了解消息面開始

民眾財經網用AI幫您過濾多空訊息

用聲量看股票

讓量化的消息面數據讓您快速掌握股市風向

掃描QR Code加入「聲量看股票」LINE官方帳號

獲得最新股市消息面數據資訊

# 民眾新聞網

民眾日報從1950年代開始發行紙本報,隨科技的進步,逐漸轉型為網路媒體。2020年更自行研發「眾聲大數據」人工智慧系統,為廣大投資人提供有別於傳統財經新聞的聲量資訊。為提供讀者更友善的使用流覽體驗,2021年9月全新官網上線,也將導入更多具互動性的資訊內容。

為服務廣大的讀者,新聞同步聯播於YAHOO新聞網、LINE TODAY、PCHOME 新聞網、HINET新聞網、品觀點等平台。

民眾網關注台灣民眾關心的大小事,從民眾的角度出發,報導民眾關心的事。反映國政輿情,聚焦財經熱點,堅持與網路上的鄉民,與馬路上的市民站在一起。

歡迎訪問民眾網:https://www.mypeoplevol.com